零基础学用万用表

申英霞　主编
卢战秋　肖玉玲　王　磊　副主编

化学工业出版社
·北京·

内 容 简 介

本书采用彩色图解形式，全面介绍了万用表检测各种电子元器件、复杂线路和设备元件的使用方法和检测技巧，内容涵盖各类型电阻器、电容器、电磁感应元件与继电器、晶体二极管、晶体三极管、晶闸管、场效应晶体管、半导体光电器件、电声换能器件、集成电路、复杂线路、家用电器专用元器件、电动机绕组等的检测。图文并茂，并配有相关检测视频直观演示和讲解操作注意事项，便于电工、电子技术人员全面学习，快速精通万用表的各项使用技能。

本书可供电工、电子技术人员、电力作业人员和初学者自学，也可供职业院校相关专业师生教学参考，还可以供有关单位培训学习。

图书在版编目（CIP）数据

零基础学用万用表/申英霞主编. —北京：化学工业出版社，2021.2（2024.6重印）

ISBN 978-7-122-38205-4

Ⅰ. ①零… Ⅱ. ①申… Ⅲ. ①复用电表－使用方法 Ⅳ. ①TM938.107

中国版本图书馆 CIP 数据核字（2020）第 244927 号

责任编辑：刘丽宏　　文字编辑：师明远
责任校对：赵懿桐　　装帧设计：刘丽华

出版发行：化学工业出版社（北京市东城区青年湖南街13号 邮政编码100011）
印　　装：北京新华印刷有限公司
850mm×1168mm　1/32　印张7½　字数187千字
2024年6月北京第1版第6次印刷

购书咨询：010-64518888　　售后服务：010-64518899
网　　址：http://www.cip.com.cn
凡购买本书，如有缺损质量问题，本社销售中心负责调换。

定　价：49.80元

前言

万用表是电工、电子维修人员必备的故障查找工具。“一人，一笔，一表”，是电工、电子、电力作业人员的基本配置，正确熟练使用万用表也是每一代电工电子维修人员的必备技能之一。为了帮助电工、电子、电力作业人员全面学习和熟练掌握万用表的各项使用与检测技巧，更好地胜任日常工作，编写了本书。

本书结合大量的检修实例，采用彩色图解形式，全面解读了万用表在检测电子元器件、集成电路、家用电器、高低压电器、电动机、各种控制线路等复杂电气部件时的正确使用方法与技巧。

本书内容具有以下特点：

● **万用表使用方法与技能全覆盖：**包括常用元器件检测入门，电动机、家电部件、高低压电器以及电气控制线路等复杂电路器件的检测与注意事项。

● **全彩实物图解，高清视频对照讲解：**电气部件实物对照，检测步骤彩图详解，操作过程视频讲解，零基础也能学会。

本书可供电工、电子技术人员、电力作业人员和初学者自学，也可供职业院校相关专业师生教学参考，还可以供有关单位培训学习。读者在阅读本书时，如有问题请发邮件到 bh268@163.com 或扫描关注下方二维码，我们会尽快回复。

本书由申英霞主编，卢战秋、肖玉玲、王磊副主编，参加本书编写的还有张振文、赵书芬、王桂英、曹祥、张胤涵、焦风敏、张伯龙、曹振华、张校铭、张校珩等，全书由张伯虎统稿。

由于编者水平有限，书中不足之处难免，恳请广大读者与同行不吝指教。

编　者

目录

第一章 万用表使用入门

第二章 万用表检测电子元器件

第三章 万用表检测复杂器件及线路、设备

第四章 万用表检测低压电器

视频页码

第五章 万用表检测强电线路及设备

视频页码

175, 178, 179, 184, 186, 195

第六章 用万用表检修电动机

第七章 用万用表检测电气控制线路故障

第八章 用万用表检修家电

视频页码

223, 229, 231

第一章

万用表使用入门

一 数字式万用表

数字式万用表有许多型号，如 DT830C、DT830C、DT890D、DT9205A、DT9208 等，可以用来测量电流、电压、电阻等。如图 1-1 和图 1-2 所示。

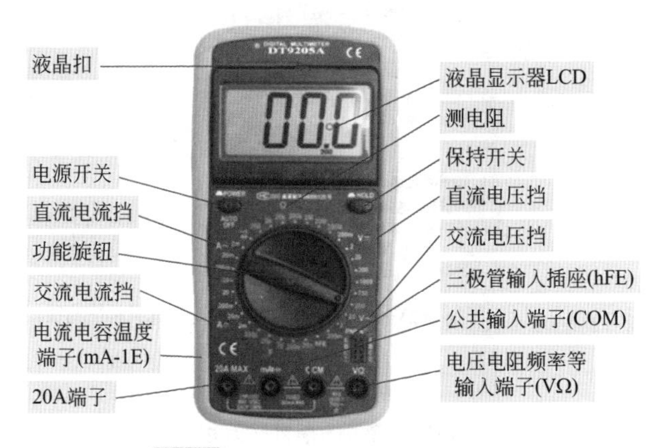

图1-1 数字式万用表外形及功能

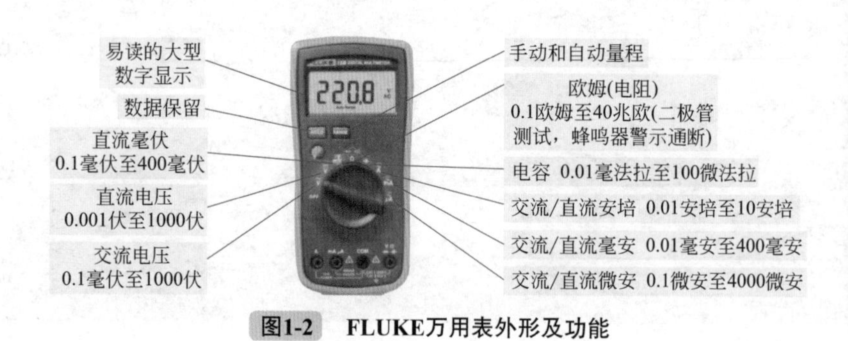

图1-2 FLUKE万用表外形及功能

二 指针式万用表

常见的指针式万用表有单旋钮型万用表 MF13、MF47、MF50 和双旋钮型 MF500 等。在实际使用中建议使用单旋钮多量程指针式万用表，操作比较方便（图 1-3）。

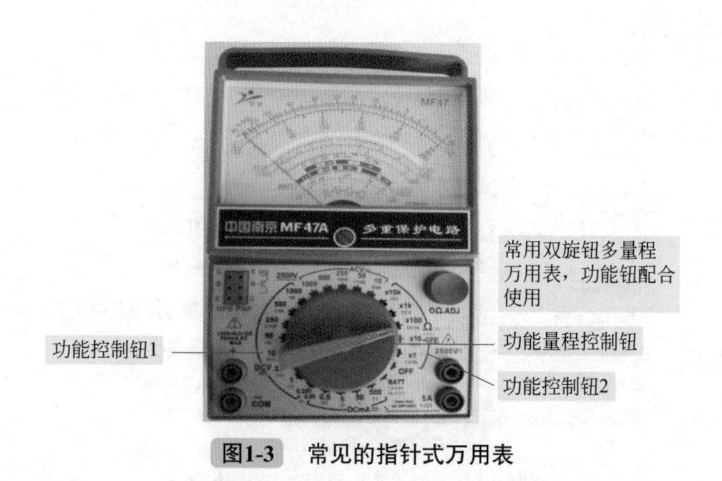

图1-3 常见的指针式万用表

三　电压的检测

1. 直流电压的测量（如电池、随身听电源等）

（1）数字表测直流电压　首先将黑表笔插进“COM”孔，红表笔插进“VΩ”。把旋钮选到比估计值大的量程（注意：表盘上的数值均为最大量程，“V-”表示直流电压挡，“V～”表示交流电压挡，“A”是电流挡），接着把表笔接电源或电池两端，保持接触稳定。数值可以直接从显示屏上读取，若显示为“1.”，则表明量程太小，那么就要加大量程后再测量。如果在数值左边出现“-”，则表明表笔极性与实际电源极性相反，此时红表笔接的是负极。如图 1-4 所示。

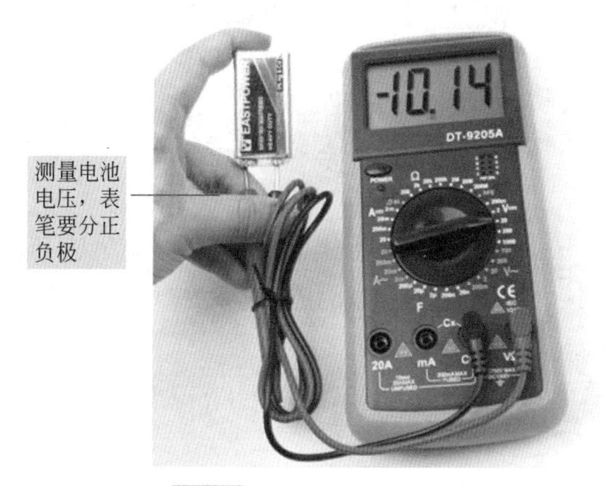

数字万用表的使用

图1-4　数字表测量直流电压

（2）指针表测直流电压　MF47 型万用表的直流电压挡主要有 0.25V、1V、2.5V、10V、50V、250V、500V、1000V、2500V。测量直流电压时，首先估计一下被测直流电压的大小，然后将转换开关拨至适当的电压量程（万用表直流电压挡标有“V”或

“DCV”符号），将红表笔接被测电压“+”端即高电位端，黑表笔接被测量电压“-”端即低电位端。

万用表测直流电压的具体操作步骤如下：

① 选择挡位。将万用表的红黑表笔连接到万用表的表笔插孔中，并将功能旋钮调整至直流电压挡，如图 1-5 所示。

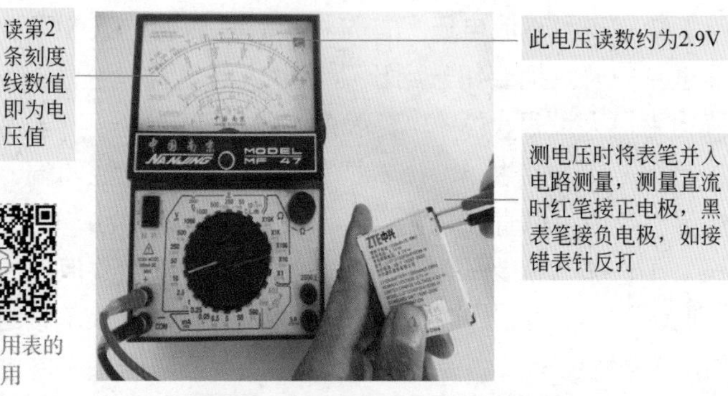

图1-5　机械万用表测直流电压

② 选择量程。由于电路中电源电压只有 3V，所以选用 10V 挡。若不清楚电压大小，应先用最高电压挡测量，逐渐换用低电压挡。

③ 测量方法。万用表与被测电路并联。红表笔应与被测电路或电源正极相接，黑表笔应与被测电路和电源负极相接。

2.数字表测量交流电压（图1-6和图1-7）

测量步骤如下。

① 表笔插孔与直流电压的测量一样。将旋钮转到所需的交流挡“～ V”量程即可。

② 交流电压无正负之分，测量方法同直流电压测量。

说明　① 无论测交流还是直流电压，都要注意人身安全，不要随便用手触碰表笔的金属部分。

②“⚠”表示不要输入高于 700Vrms（有效值）的电压，显示更高的电压值是可能的，但有损坏内部线路的危险。

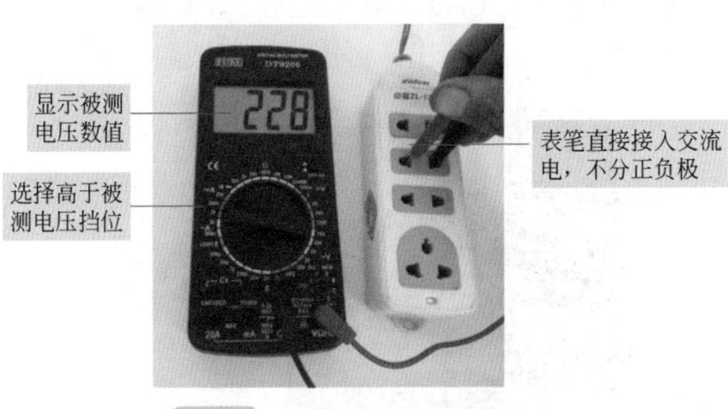

图1-6　选择高于被测电压挡位

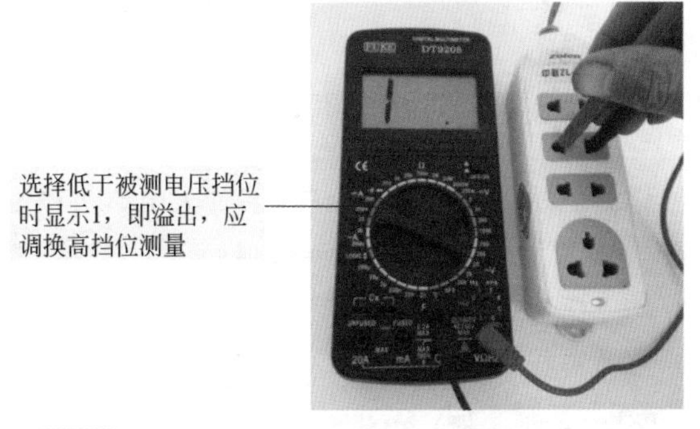

图1-7　选择低于被测电压挡位时显示1，即溢出

四　电流的检测

1. 直流电流测量（图1-8）

测量步骤如下。

① 断开电路。

② 黑表笔插入“COM”端口，红表笔插入 mA 或者 20A 端口。

③ 功能旋转开关打至“-A”（直流），并选择合适的量程。

④ 将数字万用表串联接入被测线路中，被测线路中电流流入红表笔，经万用表黑表笔流出，再流入被测线路中。

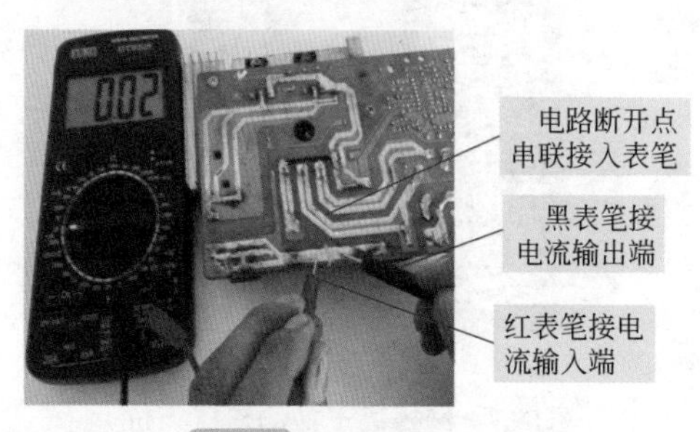

图1-8 测量直流电流

⑤ 接通电路。

⑥ 读出 LCD 显示屏数字。

说明 ① 估计电路中电流的大小。若测量大于 200mA 的电流，则要将红表笔插入“20A”插孔并将旋钮打到直流“20A”挡，若测量小于 200mA 的电流，则将红表笔插入“mA”插孔，将旋钮打到直流 200mA 内的合适量程。如果使用前不知道被测电流范围，将功能开关置于最大量程并逐渐下调。

② 将万用表串进电路中，保持稳定，即可读数。若显示为“1.”，那么就要加大量程；如果在数值左边出现“-”，则表明电流从黑表笔流进万用表。

③“⚠”表示最大输入电流为 200mA，过量的电流将烧坏保险丝。20A 量程无保险丝保护，测量时不能超过 15s。

---

2. 交流电流测量

测量方法与直流相同，不过挡位应该打到交流挡位“～A”。

电流测量完毕后应将红表笔插回“VΩ”孔，若忘记这一步而直接测电压，会导致万用表烧毁。

五　阻值的检测

测量步骤如下（图 1-9、图 1-10）。

① 将黑表笔插入“COM”插孔，红表笔插入“VΩ”插孔。

直接选择2k挡位测量。此电阻阻值为500Ω，显示为496Ω，根据电阻误差数值，在误差范围以内，说明此电阻是好的

图1-9　数字式万用表测量绕线电阻

② 将功能开关置于“Ω”量程，将测试表笔连接到待测电阻上。

③ 分别用红黑表笔接到电阻两端金属部分。

④ 读出显示屏上显示的数据。

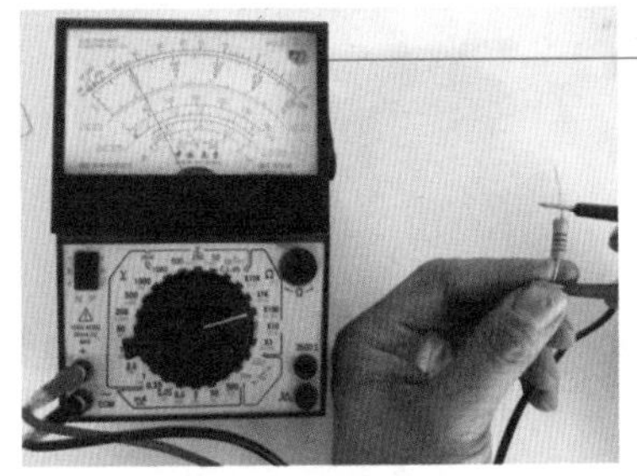

最上方的刻度线为电阻挡刻度线，读取数值时为指针指示值乘以挡位数。此电阻阻值为6.7kΩ

图1-10　指针式万用表测量色环电阻

六 功率的检测

1. 测量视在功率

万用表只能测出视在功率，不能测出有功功率。

① 万用表调到电流 10A 挡，串联在电源线上，将读数记录（这个数不会很稳定）。

② 万用表调到电压 250V 挡，并联在电源线上，将读数记录。

③ 电流、电压两数相乘的积就是视在功率。有功功率会小于这个数。

2. 测量灯泡额定功率

如何测量电气功率呢，我们以灯泡为例测量其功率。

① 如果灯泡上有清楚的标识“xV，yA”，则可以用万用表测出灯泡的功率。方法是用万用表测出灯泡的电阻，然后用公式 $P=U^2/R$ 计算出灯泡的功率，这个功率是灯泡的额定功率。

② 如果灯泡的标识不清楚，不知道灯泡的额定电压，则不能用万用表测出灯泡的功率。

第二章

万用表检测电子元器件

一　检测电阻器

各种电阻器外形如图 2-1 所示。

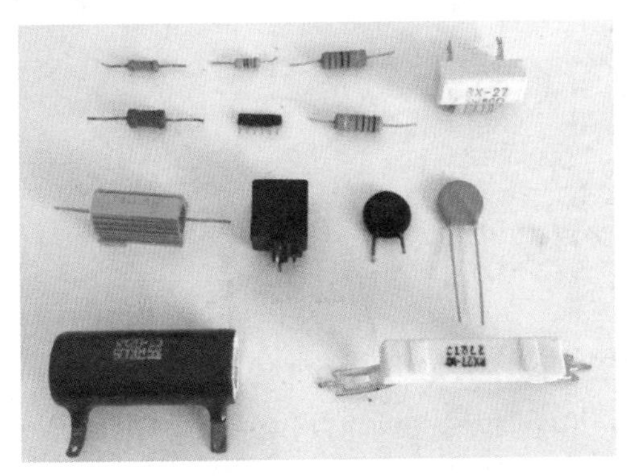

电阻器的检测

图2-1　电阻器的外形

1. 电阻在电路中的文字符号及图形符号

电阻在电路中的基本文字符号为“R”，根据电阻用途不同，还有一些其他文字符号，如 RF、RT、RN、RU 等。电阻在电路中常用图形符号见图 2-2 所示。

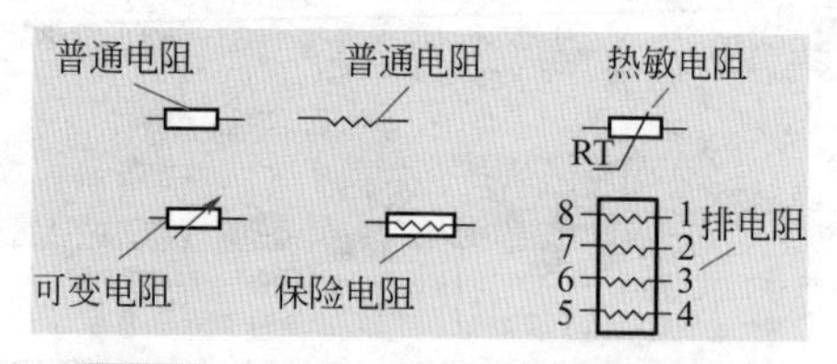

图2-2　电阻在电路中常用图形符号

2.固定电阻器的参数

（1）标称阻值及允许偏差　电阻的国际单位是欧姆（Ω）。常用的单位还有千欧（kΩ）和兆欧（MΩ）。标称阻值的表示方法主要有直标法、色标法、文字符号法、数码表示法。

① 直标法　如图 2-3 所示，即在电阻体上直接用数字标注出标称阻值和允许偏差。大体积电阻器标注方便，对使用来讲也方便，一看便能知道阻值大小。小体积电阻不采用此方法。

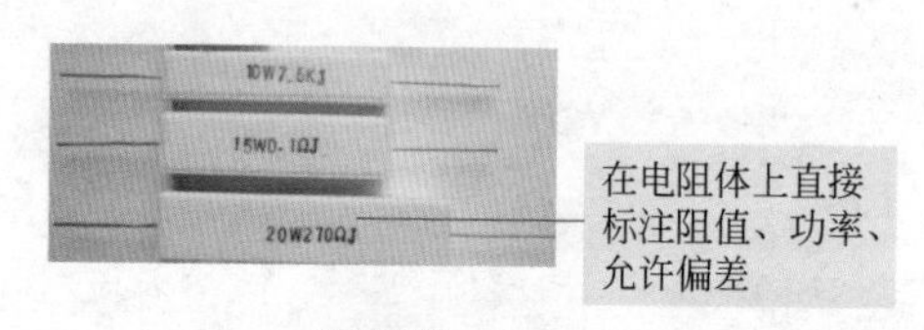

图2-3　直标法

② 色标法　色标法是用色环或色点（多用色环）表示电阻器的标称阻值、允许偏差。色环有四道环和五道环两种。五环电阻为精密电阻，参见图 2-4 所示。

图 2-4（a）所示为四道色环表示方法。在读色环时从电阻器引脚离色环最近的一端读起，依次为第一道、第二道……。图 2-4（b）所示为五道色环表示方法，图 2-4（c）为色环读取示意图。目前，常见的是四道色环电阻器。在四道色环电阻器中，第一、二道色环表示标称阻值的有效值；第三道色环表示倍乘；

第四道色环表示允许偏差。五道色环表示方法：第一、二、三道色环表示标称阻值的有效值；第四道色环表示倍乘；第五道色环表示允许偏差。四色环和五色环各色环的含义见表 2-1。

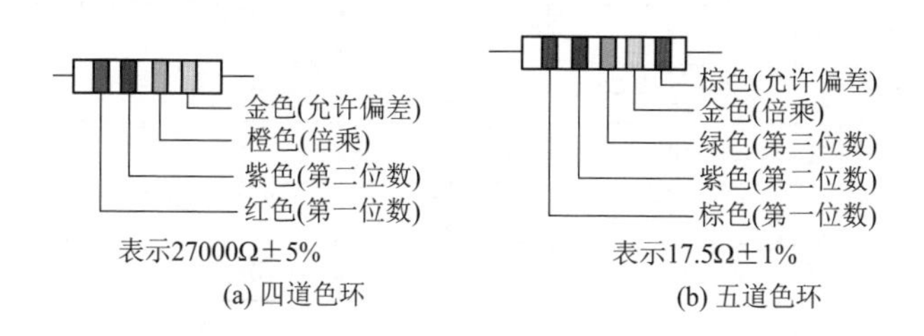

(a) 四道色环　　(b) 五道色环

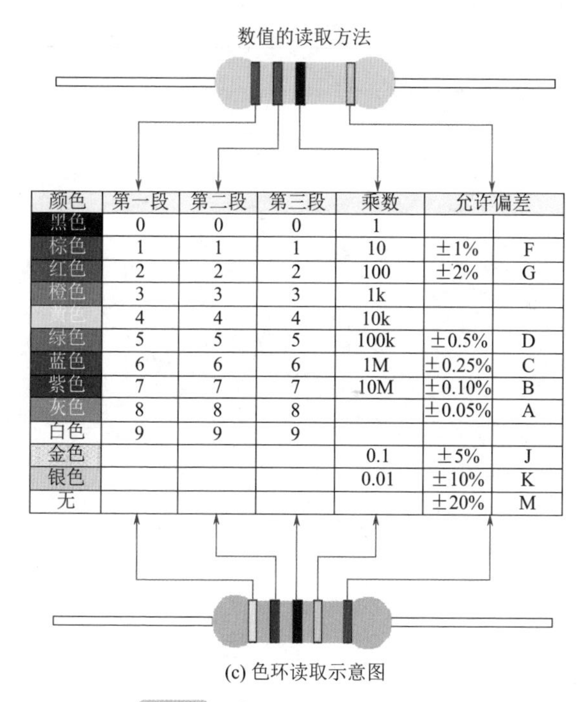

颜色	第一段	第二段	第三段	乘数	允许偏差	
黑色	0	0	0	1		
棕色	1	1	1	10	±1%	F
红色	2	2	2	100	±2%	G
橙色	3	3	3	1k		
黄色	4	4	4	10k		
绿色	5	5	5	100k	±0.5%	D
蓝色	6	6	6	1M	±0.25%	C
紫色	7	7	7	10M	±0.10%	B
灰色	8	8	8		±0.05%	A
白色	9	9	9			
金色				0.1	±5%	J
银色				0.01	±10%	K
无					±20%	M

(c) 色环读取示意图

图2-4　电阻器色标示意图

表 2-1　两位有效数字阻值的色环表示法含义

颜色	第一位有效值	第二位有效值	倍率	允许误差
黑	0	0	10^0	
棕	1	1	10^1	
红	2	2	10^2	
橙	3	3	10^3	
黄	4	4	10^4	
绿	5	5	10^5	
蓝	6	6	10^6	
紫	7	7	10^7	
灰	8	8	10^8	
白	9	9	10^9	−20%～+50%
金			10^{-1}	± 5%
银			10^{-2}	± 10%
无色				± 20%

快速记忆窍门：对于四色环电阻，以第三道色环为主。如第三环为银色，则为 0.1 ～ 0.99Ω；金色为 1 ～ 9.9Ω；黑色为 10 ～ 99Ω；棕色为 100 ～ 990Ω；红色为 1 ～ 9.9kΩ；橙色为 10 ～ 99kΩ；黄色为 100 ～ 990kΩ；绿色为 1 ～ 9.9MΩ。对于五环电阻，则以第四环为主，规律与四环电阻相同。但应注意的是，由于五环电阻为精密电阻，体积太小时，无法识别哪端是第一环，所以，对色环电阻阻值的识别须用万用表测出。

③ 文字符号法　文字符号法是将元件的标称值和允许偏差用阿拉伯数字和文字符号组合起来标示在元件上。注意常用电阻器的单位符号 R 作为小数点的位置标志。例如：R56=0.56Ω，1R5=1.5Ω、3K3=3.3kΩ。文字符号法参见图 2-5（a），符号意义见表 2-2。

④ 数码表示法　参见图 2-5（b）所示，即用三位数字表示电阻值（常见于电位器、微调电位器及贴片电阻）。识别时由左至

右，第一、二位为有效数字，第三位是有效值的倍乘数或 0 的个数，单位 Ω。

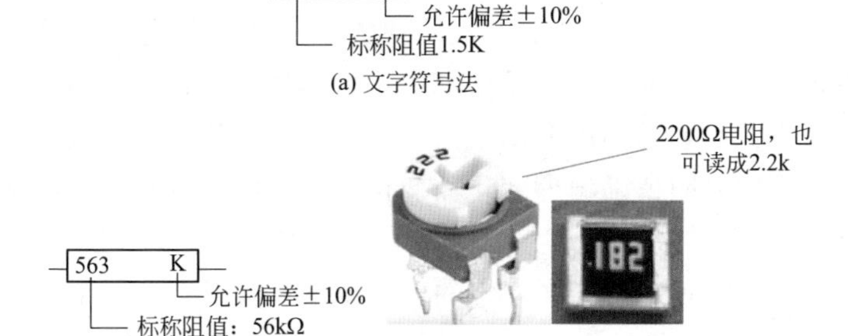

(a) 文字符号法

(b) 数码表示法

图2-5　文字符号法和数码表示法

表 2-2　文字符号单位及偏差

单位符号	单位		允许偏差符号	允许偏差范围	允许偏差符号	允许偏差范围
R	欧	Ω	D	± 0.5%	J	± 5%
K	千欧	kΩ	F	± 1%	K	± 10%
M	兆欧	MΩ	G	± 2%	M	± 20%

快速记忆窍门：第一、二位同色环电阻；若第三位数为 1 则为几百几十欧，为 2 则为几点几千欧，为 3 则为几十几千欧，为 4 则为几百几十千欧，为 5 则为几点几兆欧……；如为一位数或两位数时，则为实际数值。

⑤ 电阻标称系列及允许偏差　见表 2-3。

表 2-3　电阻标称系列及允许偏差

系列	允许偏差	产品系数
E24	± 5%	1.0，1.1，1.2，1.3，1.5，1.6，1.8，2.0，2.2，2.4，2.7，3.0，3.3，3.6，3.9，4.3，4.7，5.1，5.6，6.2，6.8，7.5，8.2，9.1
E12	± 10%	1.0，1.2，1.5，1.8，2.2，2.7，3.3，3.9，4.7，5.6，6.8，8.2
E6	± 20%	1.0，1.5，2.2，3.3，4.7，6.8

（2）电阻温度系数 当工作温度发生变化时，电阻器的阻值也将随之相应变化，这对一般电阻器来说是不希望出现的情况。电阻温度系数用来表示电阻器工作温度每变化1℃时，其阻值的相对变化量。该系数愈小电阻质量愈高。电阻温度系数根据制造电阻的材料不同，有正系数和负系数两种。前者，随温度升高阻值增大，后者随温度升高阻值下降。后面章节所讲的热敏电阻器就是利用其阻值随温度变化而变化这一性能制成的一种特殊电阻器。

（3）额定功率 指在规定的环境温度和湿度下，假定周围空气不流通，在长期连续负载而不损坏或基本不改变性能的情况下，电阻器上允许消耗的最大功率。为保证使用安全，额定功率一般选比在电路中消耗的功率高1～2倍。额定功率分19个等级，常用的有0.05W、0.125W、0.25W、0.5W、1W、2W、3W、5W、7W、10W。电阻额定功率的标注方法如图2-6所示。

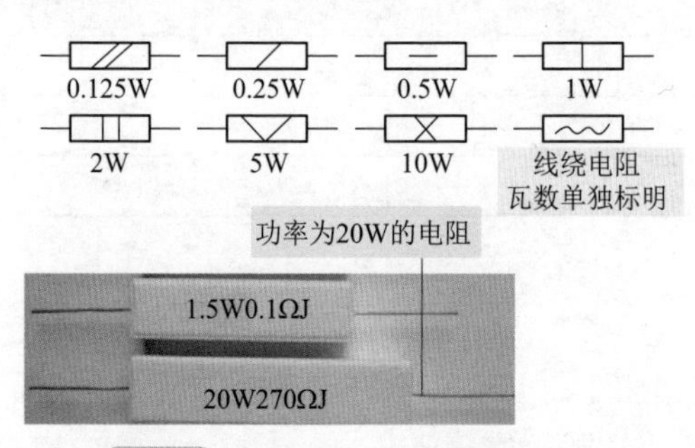

图2-6 电阻额定功率的标注方法

3.实际电阻值的测量

① 将万用表的功能选择开关旋转到适当量程的电阻挡。如图2-7所示。

② 将两表笔（不分正负）分别与电阻的两端引脚相接即可测出实际阻值。如图2-8所示。

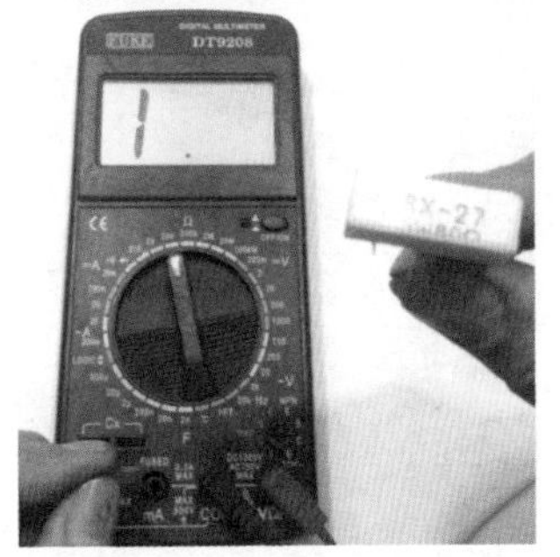

图2-7　选择开关到适当量程

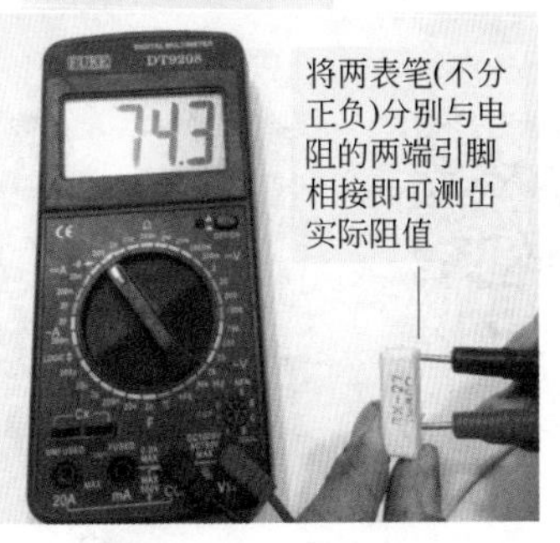

图2-8　测出实际阻值

注意 测量时应注意的事项：测量电阻时，手不要触及表笔和电阻的导电部分，因为人体具有一定电阻，会对测试产生一定的影响，使读数偏小，如图 2-9、图 2-10 所示。

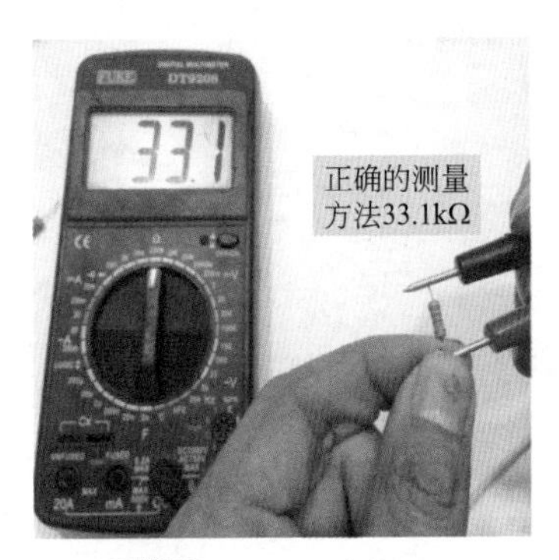

图2-9　正确的测量方法

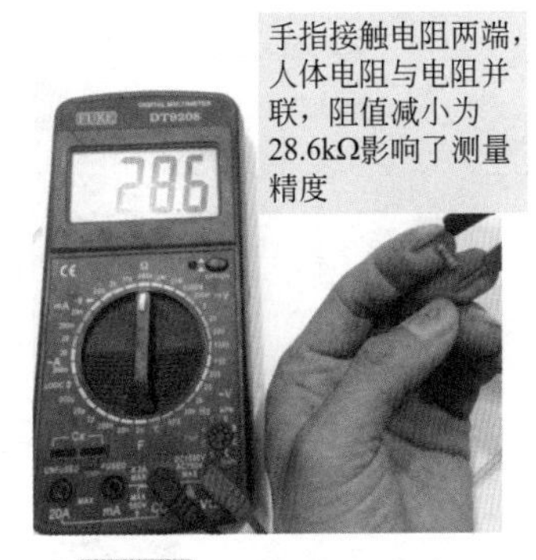

图2-10　错误的测量方法

二　检测电位器

电位器带有调整手柄（微调电阻器因体积小无调整手柄），用于电阻需要调整的电路中。电气符号、外形及结构参见图 2-11 所示。

电位器的检测

图2-11　电位器外形、结构及电气符号

两个固定引脚接在碳膜体两端，碳膜体是一个固定电阻体，在两个引脚之间有一个固定的电阻值。动片引脚上的触点可以在碳膜上滑动，这样动片引脚与两个固定引脚之间的阻值将发生改变。当动片触点顺时针方向滑动时，动片引脚与引脚①之间阻值增大，与引脚②之间阻值减小。反之，动片引脚逆时针方向滑动，引脚间阻值反方向变化。在动片引脚滑动时，引脚①、②之间的阻值是不变化的，但是如若动片引脚与引脚②或引脚①相连通后，动片引脚滑动时引脚①、②之间的阻值便发生了改变。

用数字万用表检测电位器具体操作如下。

① 测试开关的好坏。对于带有开关的电位器，检查时可用万用表的电阻挡测开关两接点的通断情况是否正常。如图 2-12、图 2-13 所示。

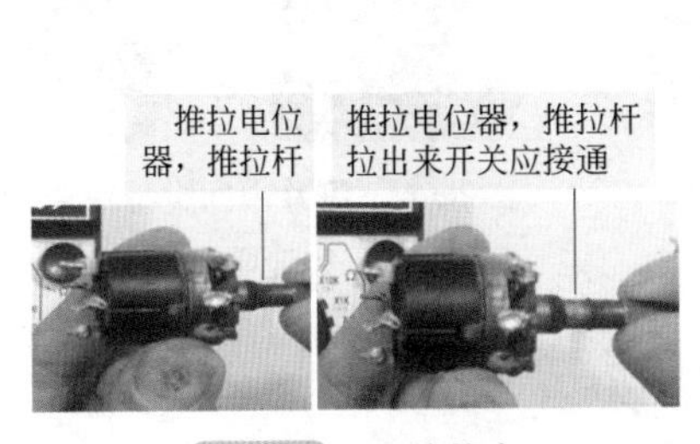

图2-12　开关状态

图2-13　选择挡位

② 推拉电位器的轴，使开关“接通”-“断开”变化。若在“接通”的位置，电阻值不为零，说明内部开关触点接触不良；若在“断开”的位置，电阻值不为无穷大，说明内部开关失控。如图 2-14、图 2-15 所示。

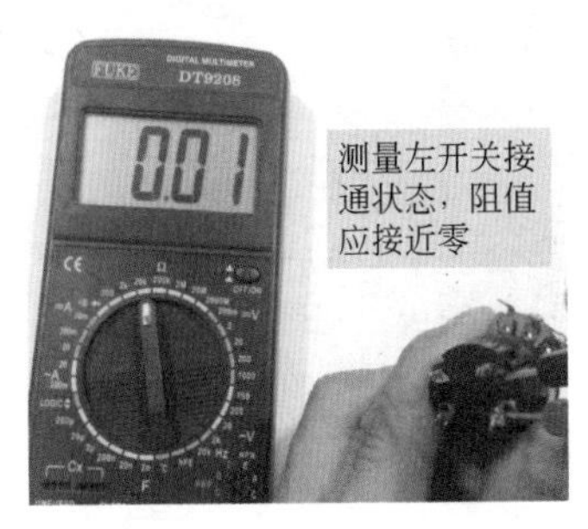

图2-14　测量第一组开关

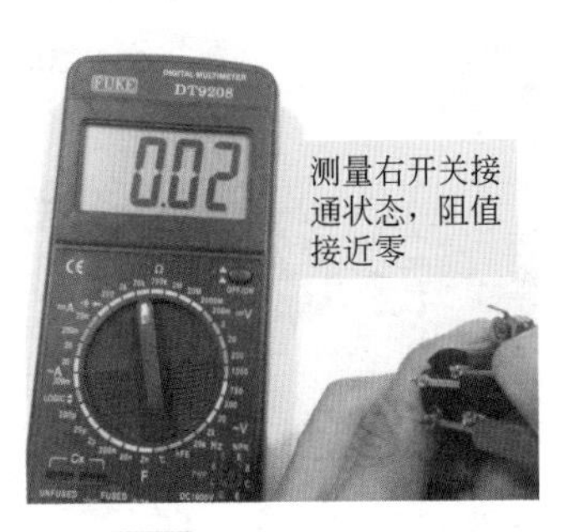

图2-15　测量第二组开关

③ 检测完开关后应检测电位器的标称阻值和中间脚与边脚的旋转电阻值。如图 2-16 ～图 2-18 所示。

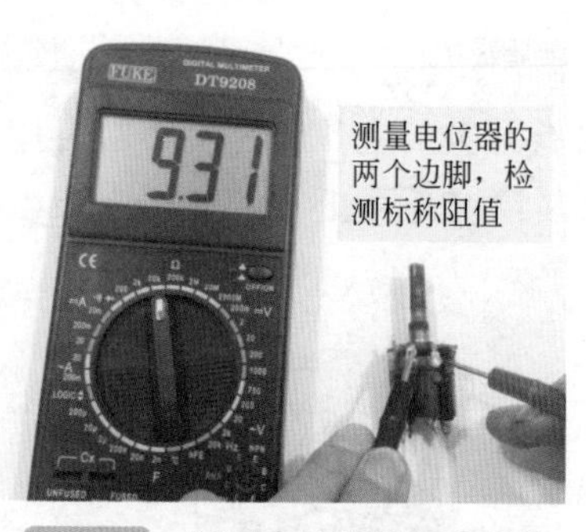

图2-16　测量电位器的两个边脚

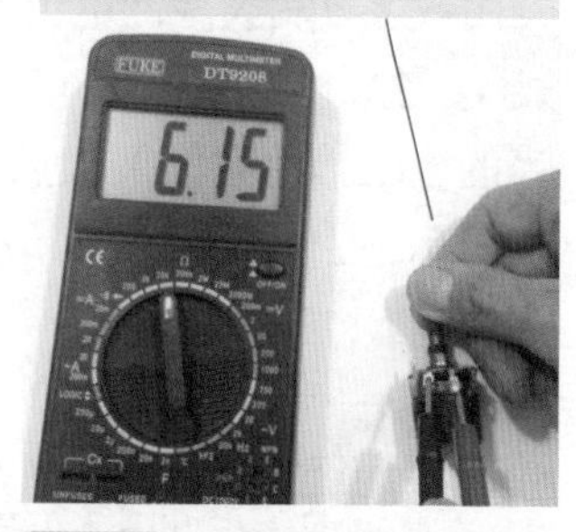

图2-17　测量中间脚与左边脚电阻值

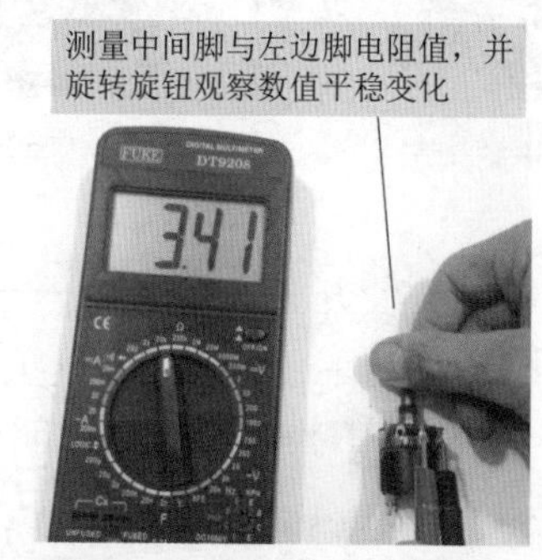

图2-18　测量中间脚与左边脚电阻

三　检测电容器

1. 电容器的外形与符号

常见电容外形与符号如图 2-19 和图 2-20 所示。

2. 电容器的主要参数

电容器的主要参数有：标称容量、允许偏差、额定工作电压、温度系数、漏电电流、绝缘电阻、损耗正切值和频率特性。

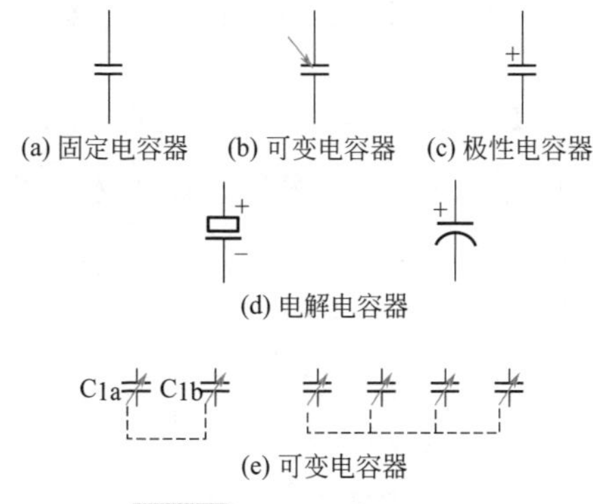

图2-19　电容器图形符号

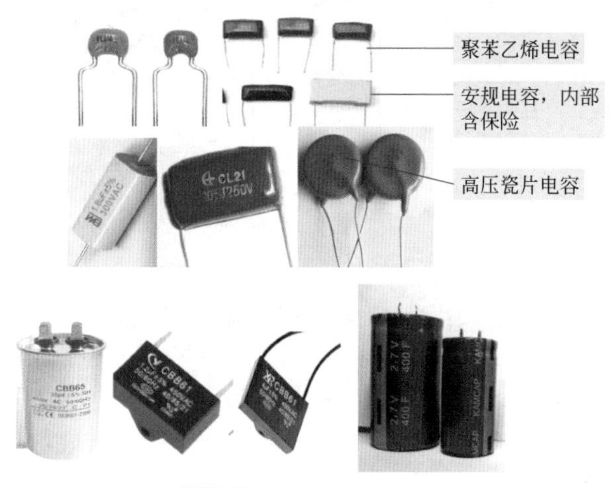

图2-20　常见电容的外形

（1）电容器的标称容量　电容器上的标注电容量称作标称容量，即表示某个具体电容器容量大小的参数。

标称电容量也分许多系列，常用的是 E6、E12 系列，这两个系列的设置同电阻器一样。电容基本单位是法拉，用字母“F”表示，此外还有毫法（mF）、微法（μF）、纳法（nF）和皮法（pF）。

它们之间的关系为 $1F=10^3mF=10^6\mu F=10^9nF=10^{12}pF$。

电容器的参数标注方法主要有直标法、色标法和文字符号法三种。

① 直标法　直标法在电容器中用得最多，是在电容器上用数字直接标注出标称容量、耐压（额定电压）等，直标法使电容器各项参数容易识别。

直标法一般用于体积较大的电容器。图 2-21 所示是采用直标法标注电容器示意图。

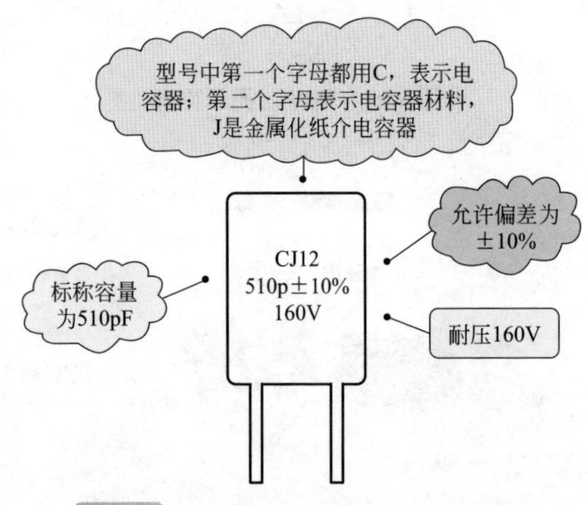

图2-21　采用直标法标注电容器示意图

② 文字符号法　文字符号法是用特定符号和数字表示电容器的容量、耐压、允许偏差的方法。一般数字表示有效数值，字母表示数值的量级。

常用的字母有 m、μ、n、p 等，字母 m 表示毫法、μ 表示微法（μF）、n 表示纳法（nF）、p 表示皮法（pF）。

【例】 10μ 表示标称容量为 10μF，10p 表示标称容量为 10pF 等。

字母有时也表示小数点。

【例】 p33 表示 0.33pF，2p2 表示 2.2pF、3μ3 表示 3.3μF。

3 位数表示法：该方法是指用 3 位数字表示电容器的容量。其中，前两位数字为有效值数字，第三位数字为倍乘数（即表示 10 的 n 次方），单位为 pF。例如，图 2-22 中的 3 位数是 472，它的具体含义为 47×10^{2}pF，即标称容量为 4700pF。

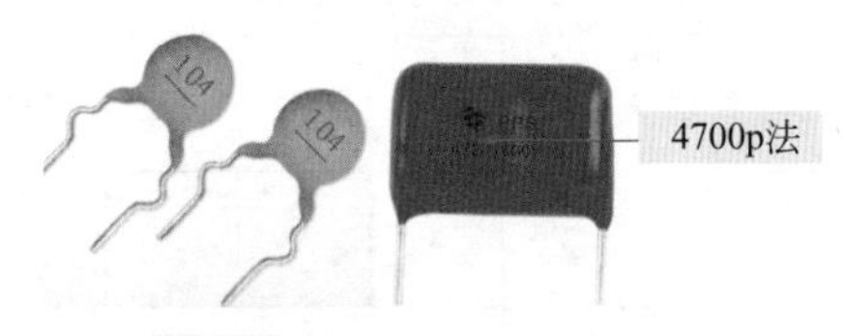

图2-22 电容器3位数表示法

一些体积较小的电容器普遍采用 3 位数表示法。因为电容器体积小，采用直标法，标出的参数字太小，容易看不清和被磨掉。

四位数字表示法：用 4 位整数来表示标称电容量，此时单位仍为 pF，例如 1800 表示 1800pF。或者是用四位小数此时单位为 μF，例如 1.234 表示 1.234μF。

③ 色标法 采用色标法标注的电容器又称色码电容，色码表示的是电容器的标称容量。

色码电容器的具体表示方式与 3 位数表示法相同，只是用不同颜色色码表示各位数字。

图 2-23 所示是色码电容器示意图。如图中所示，电容器上有 3 条色带，3 条色带分别表示 3 个色码。色码的读码方向是：从顶部向引脚方向读，对这个电容器而言是棕、绿、黄依次为第一、二、三条色码。

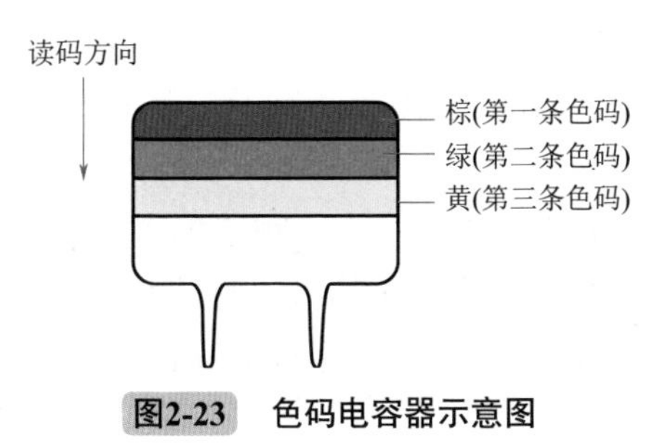

图2-23 色码电容器示意图

在色标法中，第一、二条码表示有效数字，第三条色码表示倍乘中 10 的 n 次方，容量单位为 pF。表 2-4 所示是色码的具体含义解说。

表 2-4　色码的具体含义解说

色码颜色	黑色	棕色	红色	橙色	黄色	绿色	蓝色	紫色	灰色	白色
表示数字	0	1	2	3	4	5	6	7	8	9

根据上述读码规则和色码含义可知，电容器标称容量为 15×10^4pF= 150000pF=0.15μF。

如图 2-24 所示，当色码要表示两个重复的数字时，可用 2 倍宽的色码来表示。该电容器前两位色码颜色相同，所以用 2 倍宽的红色带表示。这一电容器的标称电容量为 22×10^4pF=220000pF=0.22μF。

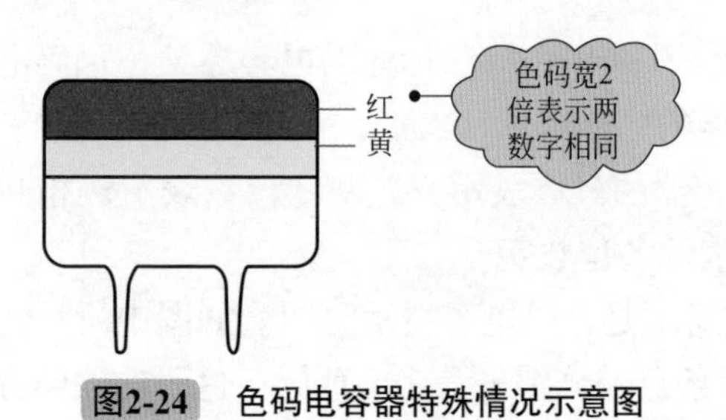

图2-24　色码电容器特殊情况示意图

（2）电容器的允许误差　电容器的允许偏差含义与电阻器相同，即表示某具体电容器标称容量与实际容量之间的误差。固定电容器允许偏差常用的是 ±5%、±10% 和 ±20%，通常容量越小，允许偏差越小。

（3）电容器的额定工作电压　额定工作电压是指电容器在正常工作状态下，能够持续加在其两端的最大的直流电压或交流电压的有效值。通常情况下，电容器上都标有其额定电压，如图 2-20 所示。

额定电压是一个非常重要的参数，通常电容器都是工作在额定电压下。如果工作电压大于额定电压，那么电容器将有被击穿的危险。

3. 用数字型万用表电容挡测量电容器

用数字型万用表测量电容的方法比较简单，首先将功能开关置于电容量程“C（F）”，再将电容器插入测试座中，显示屏就可以显示电容器的容量。若数值小于标称值，说明电容容量减小；若数值大于标称值，说明电容漏电。

如图 2-25 所示，若需要测量的电解电容的容量为 20μF，将万用表置于“20μ”电容挡，再将该电容插入电容测试座中，显示屏显示为“1.01”，说明该电容的容量值为 20.2μF。

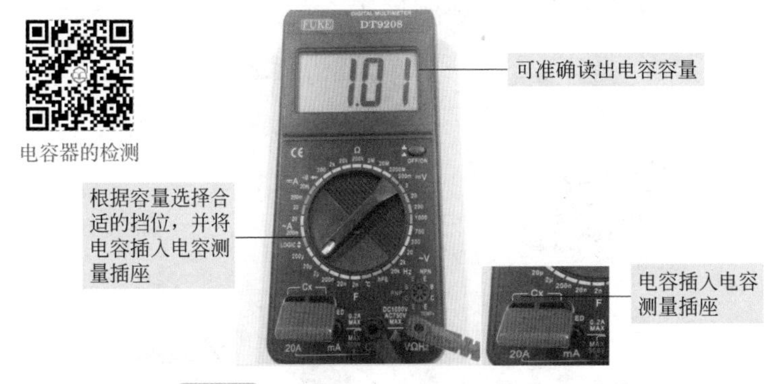

图2-25 用数字万用表电容挡测量电容示意图

测量电容时，一是注意要将电容插入专用的电容测量插座中，而不要插入表笔插孔内；二是注意每次切换量程时都需要一定的复零时间，待复零结束后再插入待测的电容；三是要注意测量大电容时，显示屏显示稳定的数值需要一定的时间。

新型数字万用表测量电容的容量时，无需将电容插入电容测量插孔内，而直接用表笔接电容的引脚就可以测量，使测量电容和测量电阻一样简单。

四 检测电感器

1. 电感器的种类

电感器简称电感，它是一种电抗元件，在电路中用字母“L”表示。电感器是一种能够把电能转化为磁能并储存起来的元件，它主要的功能是阻止电流的变化。当电流从小到大变化时，电感阻止电流的增大；当电流从大到小变化时，电感阻止电流减小。它在电路中的主要作用是扼流、滤波、调谐、延时、耦合、补偿等。

电感器的结构类似于变压器，但只有一个绕组。电感器又称扼流器、电抗器或动态电抗器。如图2-26所示为电路中常见电感器。如图2-27所示为常见电感器与符号。

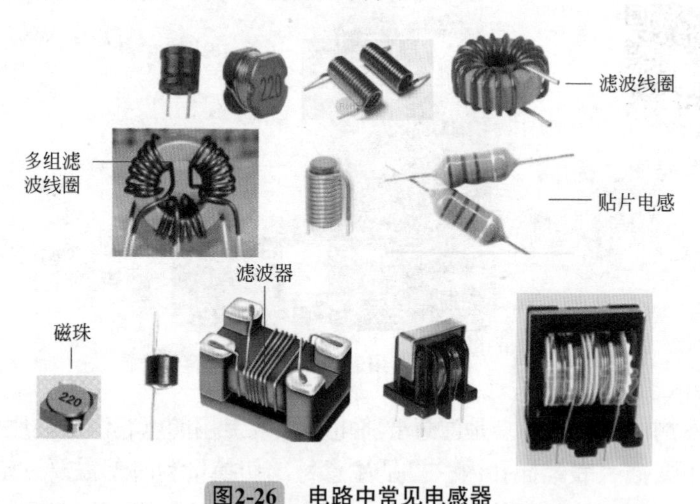

图2-26 电路中常见电感器

2. 电感主要参数

电感也称自感系数，是表示电感器自感应能力的物理量。电感器电感的大小，主要取决于线圈的圈数（匝数）、绕制方式、有无磁芯及磁芯的材料等。通常，线圈圈数越多、绕制的线圈越密集，电感就越大。有磁芯的线圈比无磁芯的线圈电感大；磁芯磁导率越大的线圈，电感也越大。

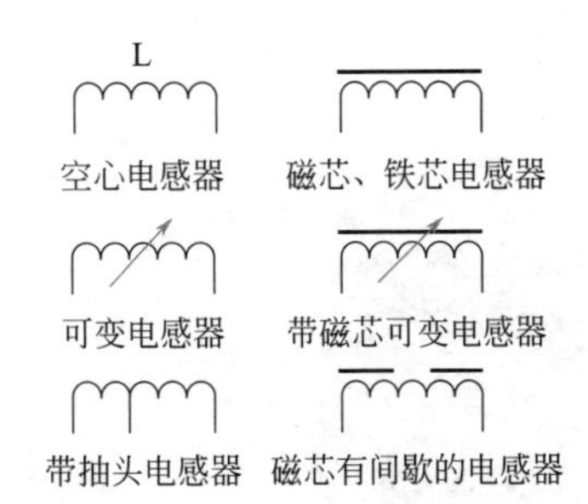

图2-27　电路中常见电感器与符号

电感 L 是线圈本身的固有特性，电感的基本单位是亨利（简称亨），用字母“H”表示。常用的单位还有毫亨（mH）和微亨（μH），它们之间的关系是：$1H=10^3mH$，$1mH=10^3\mu H$。

3. 检测普通电感

将电感器件从线路板上焊开一脚，或直接取下，测线圈两端的阻值，如线圈用线较细或匝数较多，一般为几欧姆至几百欧姆；如阻值明显偏小则线圈匝间短路。如线圈线径较粗，电阻值小于1Ω，可用数字万用表的欧姆挡小值挡位较准确地测量 1Ω 左右的阻值。应注意的是：被测电感器电阻值的大小与绕制电感器线圈所用的漆包线线径、绕制圈数有关，只要能测出电阻值，则可认为被测电感器是正常的。

用电阻挡测量时，将万用表置 200Ω 挡位，红、黑表笔接触线圈的两端，显示屏应显示电阻值，如无电阻值显示，则线圈断路。如图 2-28 所示。

4. 万用表检测滤波电感

滤波电感一般有两组以上线圈，在检测时直接选用低阻挡测量每个绕组阻值即可，阻值一般都很小，如无阻值则一般为断路。

如图 2-29、图 2-30 所示。

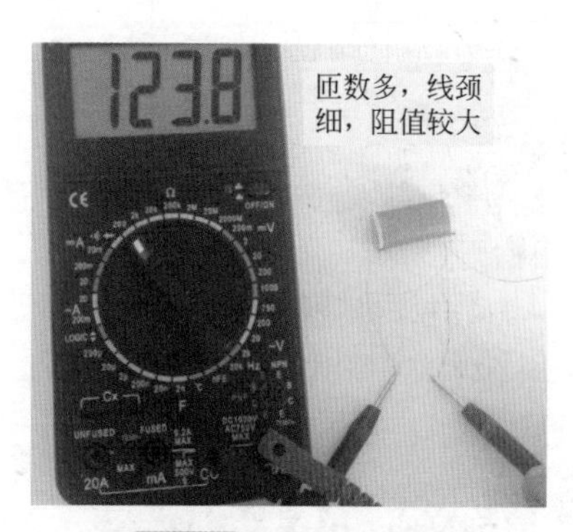

图2-28　测量空心线圈

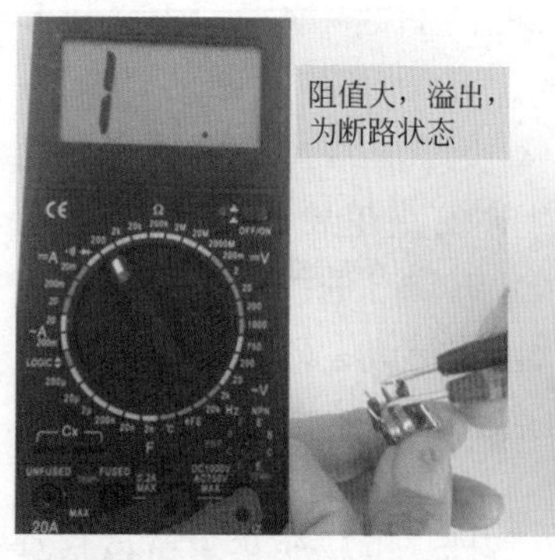

图2-29　电阻挡测滤波电感（一）

电感器的检测

图2-30　电阻挡测滤波电感（二）

五　检测变压器

1. 变压器的作用与符号

变压器是变换交流电压、电流和阻抗的器件。当初级线圈中通有交流电压时，铁芯（或磁芯）中便产生交流磁通，使次级线圈中感应出电压（或电流）。变压器由铁芯（或磁芯）和线圈组成，线圈有两个或两个以上的绕组，其中接电源的绕组叫初级线圈（一次绕组），其余的绕组叫次级线圈（二次绕组）。

变压器是利用电磁感应原理，从一个电路向另一个电路传递电能或传输信号的电器。输送电能的多少由用电器的功率决定。

变压器在电路图中用字母“T”表示，常见的几种变压器外形及符号如图 2-31 所示。

2. 变压器的主要参数

（1）变压比　变压器两组线圈匝数分别为 N_1 和 N_2，N_1 为初级，N_2 为次级。在初级线圈上加一交流电压，在次级线圈两端就会产生感应电动势。当 $N_2 > N_1$ 时，其感应电动势要比初级线圈所加的电压还要高，这种变压器称为升压变压器；当 $N_2<N_1$ 时，其感应电动势低于初级电压，这种变压器称为降压变压器。初级、次级电压和线圈匝数间具有下列关系：

$$n=U_1/U_2=N_1/N_2$$

式中，n 称为变压比（匝数比），当 $n>1$ 时，则 $N_1>N_2$，$U_1>U_2$，该变压器为降压变压器，反之则为升压变压器。

另有变流比 $I_1/I_2=N_2/N_1$，电功率 $P_1=P_2$。

注意　上面的式子，只在理想变压器只有一个次级线圈时成立。当有两个次级线圈时，$P_1=P_2+P_3$，$U_1/N_1=U_2/N_2=U_3/N_3$，电流则须利用电功率的关系式去求，有多个时，依此类推。

（2）额定功率　额定功率是指变压器长期安全稳定工作所允许负载的最大功率，次级绕组的额定电压与额定电流的乘积称为变压器的容量，即为变压器的额定功率，一般用 P 表示。变压器的额定功率为一定值，由变压器的铁芯大小、导线的横截面积这

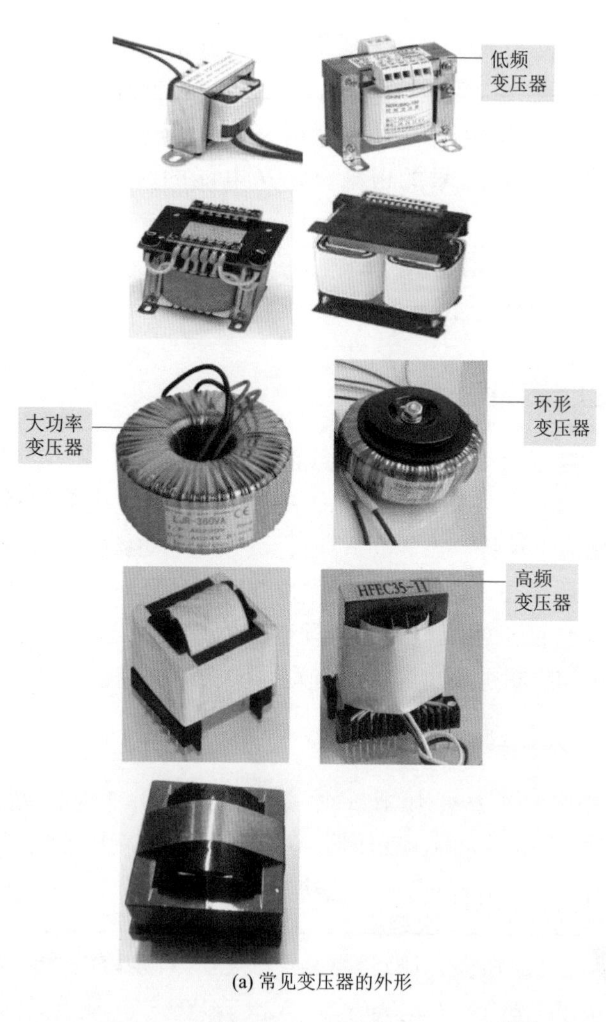

(a) 常见变压器的外形

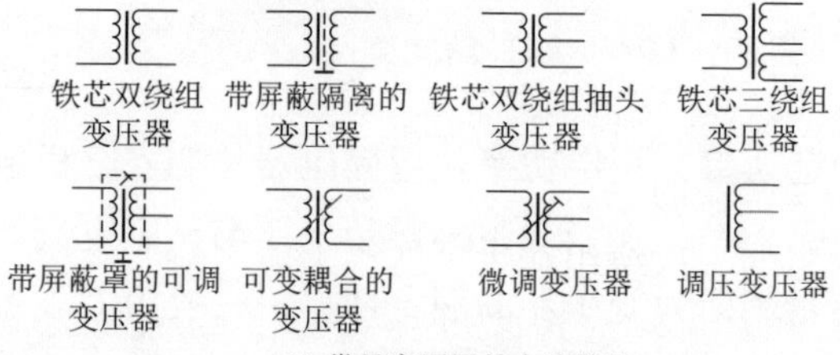

(b) 常见变压器的电路符号

图2-31 常见变压器的外形及电路符号

两个因素决定。铁芯越大、导线的横截面积越大，变压器的额定功率也就越大。

（3）工作频率　变压器铁芯损耗与频率关系很大，故应根据使用频率来设计和使用，这种频率称工作频率。

3.用数字式万用表检测变压器

（1）绝缘性能的检测　将万用表置于“20M”挡，分别测量一次绕组与各二次绕组、铁芯、静电屏幕间的阻值，阻值都应为无穷大，若阻值过小，说明有漏电现象，导致变压器的绝缘性能变差。如图 2-32、图 2-33 所示。

数字万用表检测变压器

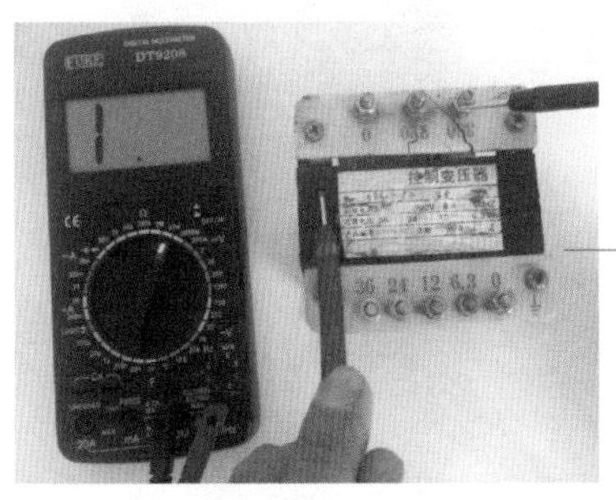

图2-32　绝缘性能的检测（一）

（2）判别一、二次绕组及好坏的检测　工频变压器一次绕组的引脚和二次绕组的引脚一般都是从变压器两侧引出的，并且一次绕组上多标有“220V”字样，二次绕组则标有额定输出电压值，如 6V、9V、12V、15V、24V 等。通过这些标记就可以识别出绕组。但有的变压器没有标记或标记不清晰，则需要通过万用表的检测来判断变压器的一、二次绕组。因为工频变压器多为降压变压器，所以它的一次绕组输入电压高、电流小，漆包线的匝数多且线径细，使得它的直流电阻较大。而二次绕组虽然输出电压低，但电流大，所以二次绕组的漆包线的线径较粗且匝数少，使得阻值较小。这样通过测量各个绕组的阻值就能识别出不同的绕组。该方法通常用于判断一、二次绕组以及它们是否开路，而怀疑绕组短路时多采用外观检查法、温度法和电压检测法进行判断。如图 2-34 ～图 2-36 所示。

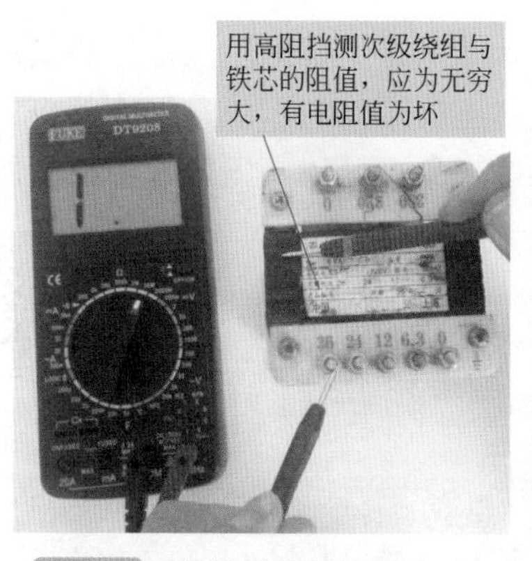

图2-33 绝缘性能的检测（二）

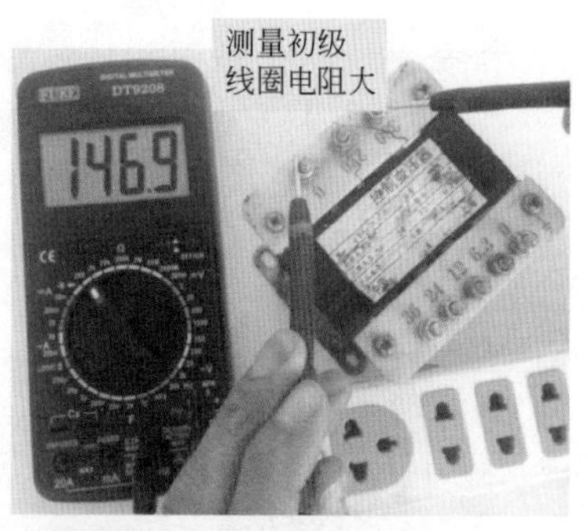

图2-34 判别一、二次绕组（一）

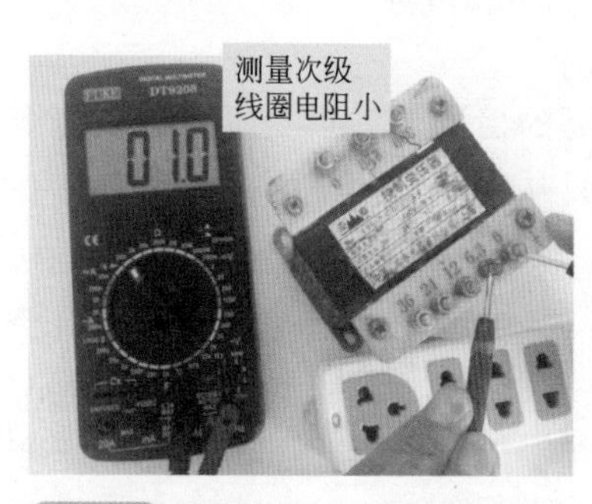

图2-35 判别一、二次绕组（二）

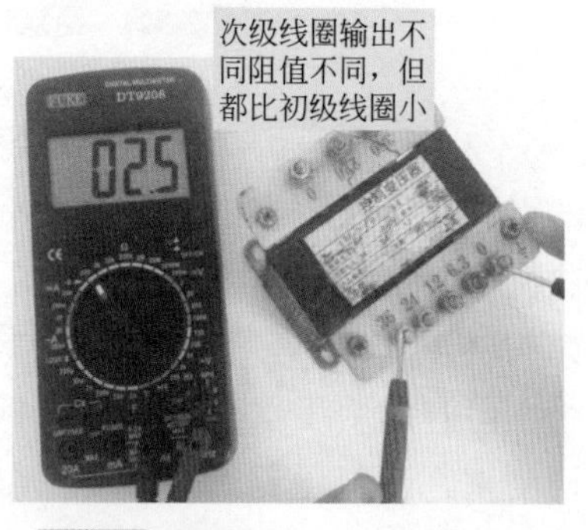

图2-36 判别一、二次绕组（三）

注意 许多低频、工频变压器的一次绕组与接线端子之间安装了温度熔断器，一旦市电电压升高或负载过电流引起变压器过热，该熔断器会熔断，产生一次绕组开路的故障。此时小心地拆开一次绕组，就可以发现将该熔断器更换后就可修复变压器，应急修理时也可用导线短接。

绕组短路会导致市电输入回路的熔断器过电流熔断或产生变压器一次绕组烧断、烧焦等异常现象。

（3）空载电压的检测　为工频变压器的一次绕组提供 220V 市电电压，用万用表交流电压挡就可以测出变压器二次绕组输出的空载电压值，如图 2-37 ～图 2-39 所示。

空载电压与标称值的允许偏差范围一般为：高压绕组不超出 ±10%，低压绕组不超出 ±5%，带中心抽头的两组对称绕组的电压差应不超出 ±2%。

（4）温度检测　接好变压器的所有二次绕组，为一次绕组输入 220V 市电电压，一般小功率工频变压器允许温升为 40 ～ 50℃，如果所用绝缘材料质量较好，允许温升还要高一些。若通电不久变压器的温度就快速升高，则说明绕组或负载短路。

（5）空载电流的检测　断开变压器的所用二次绕组，再将万用表置于交流“500mA”电流挡，表笔串入一次绕组回路中，再为一次绕组输入 220V 市电电压，万用表所测出的数值就是空载电流值。该值应低于变压器满载电流的 10% ～ 20%。如果超出太多，说明变压器有短路故障。

（6）同名端的判别　数字万用表一般无法判别变压器同名端，但可以通过直接通电法判别，即将变压器初级接入电路，测出次级各绕组电压，将任意两绕组的任意端接在一起，用万用表测另两端电压，如等于两绕组之和，则接在一起的为异名端，如低于两绕组之和（若两绕组电压相等，则可能为 0V），则接在一起的两端或两表笔端为同名端。测量中应注意：不能将同一绕组两端接在一起，否则会短路，烧坏变压器。用指针万用表检测变压器可扫二维码学习。

初级线圈加电压测试

图2-37　空载电压的检测（一）

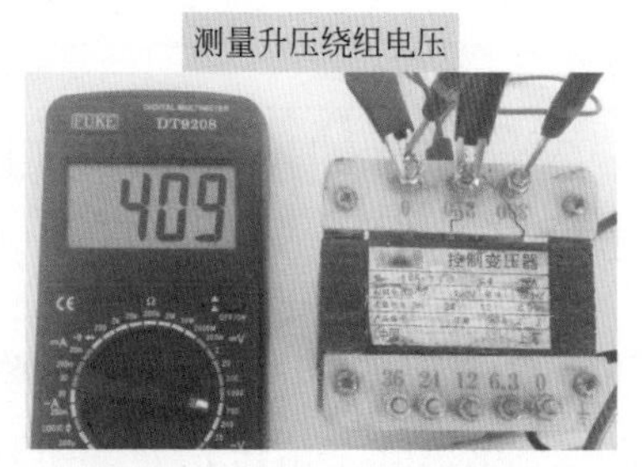

图2-38　空载电压的检测（二）

指针万用表
检测变压器

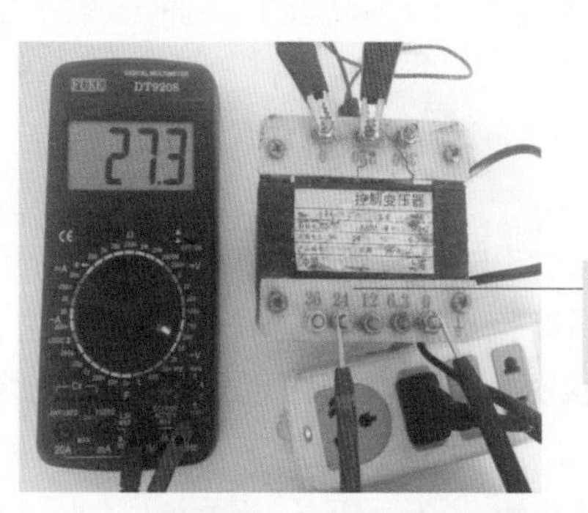

图2-39　空载电压的检测（三）

六　检测晶体二极管

1. 二极管的结构特性

晶体二极管的文字符号为“VD”，常用二极管的外形及结构符号如图 2-40 所示。

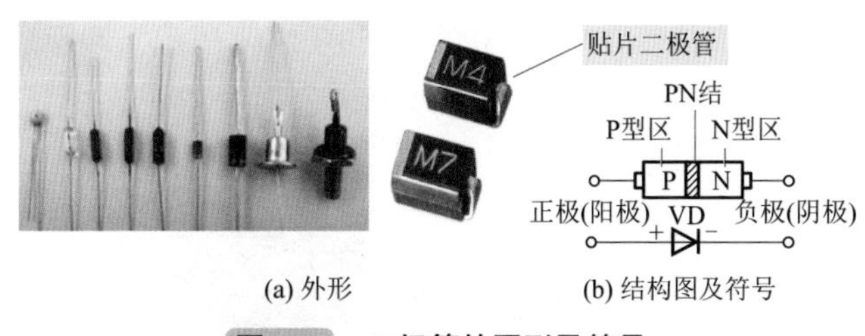

(a) 外形　　(b) 结构图及符号

图2-40　二极管的图形及符号

2. 常用晶体二极管的主要参数

① 最大整流电流 I_{FM}：指允许正向通过PN结的最大平均电流。使用中实际工作电流应小于 I_{FM}，否则将损坏二极管。

② 最大反向电压 U_{RM}：指加在二极管两端而不致引起 PN 结反向击穿的最大电压。使用中应选用 U_{RM} 大于实际工作电压 2 倍以上的二极管。

③ 反向电流 I_{CO}：指二极管加在规定的反向电压下，通过二极管的电流。硅管为 1μA 或更小，锗管约几百微安。使用中，反向电流越小越好。

④ 最高工作频率 f_M：指保证二极管良好工作特性的最高频率。至少应 2 倍于电路实际工作频率。

3. 二极管的检测

采用数字式万用表测量二极管时，应采用二极管挡，将红表笔接二极管的正极，黑表笔接二极管的负极，所得的数值为它的正向导通压降；调换表笔后可以测量二极管的反向导通压降，一般为无穷大。采用数字型万用表检测二极管有非在路检测和在路检测两种方法，但无论哪种检测方法，都应将万用表置于“二极管”挡。

非在路检测普通二极管时，将数字型万用表置于“二极管”挡，红表笔接二极管的正极，黑表笔接二极管的负极，此时屏幕显示的导通压降值为“0.5 ～ 0.9”，如图 2-41 所示，调换表笔后，导通压降值为无穷大（大部数字型万用表显示“1”，少部分显示“OL”），若测试时数值相差较大，则说明被测二极管损坏。

二极管的检测

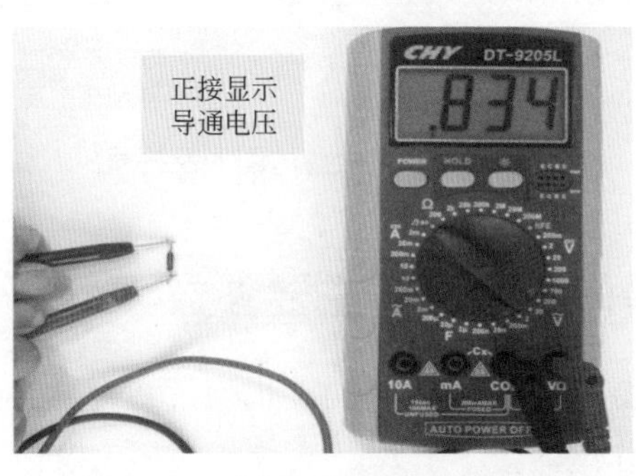

(a) 测量正向导通电压

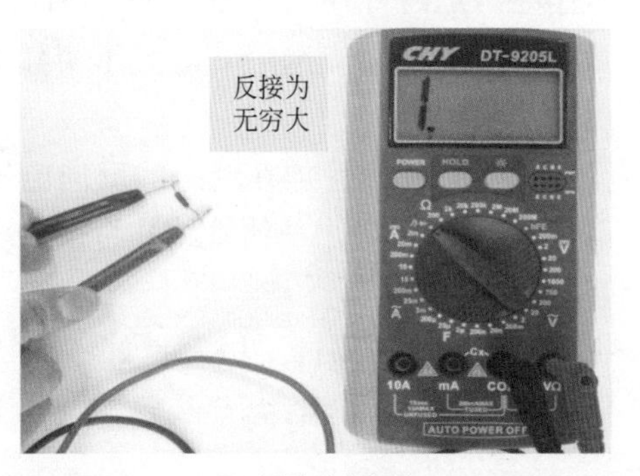

(b) 测量反向电压

图2-41　用数字型万用表检测普通二极管示意图

七　检测晶体三极管

1. 三极管的实物

三极管具有三个电极，在电路中主要起电流放大作用。此外，三极管还具有振荡或开关等作用。如图 2-42 所示为三极管实物外形。

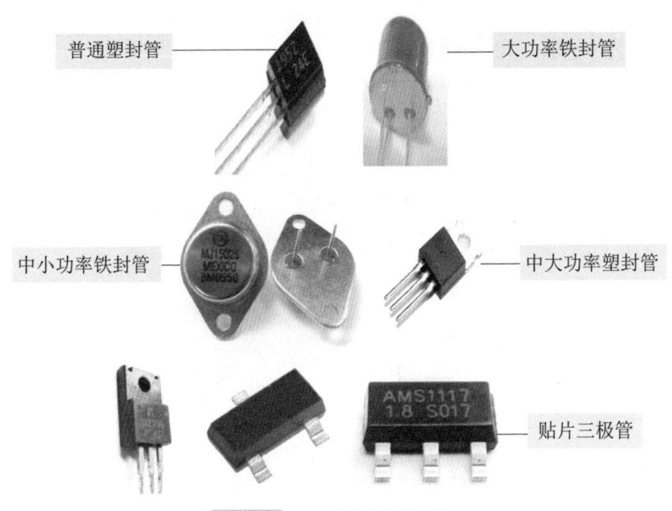

图2-42　三极管实物外形

2.三极管的电路符号

三极管是电子电路中最常用的电子元件之一，一般用字母“Q”、“VT”或“BG”表示。在电路图中，每个电子元器件都有其电路图形符号，三极管的电路图形符号如图2-43所示。

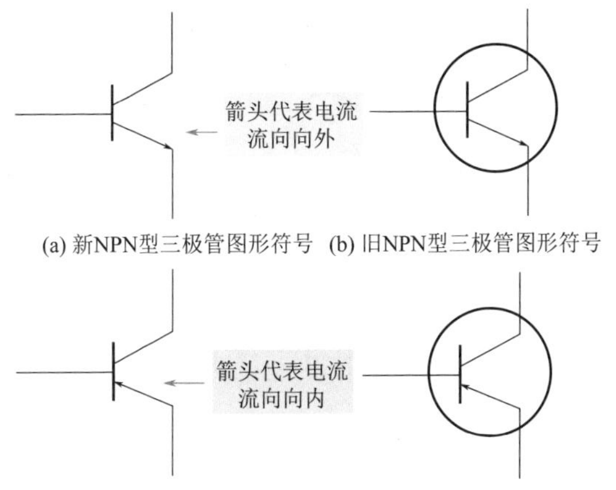

图2-43　三极管的图形符号

3.三极管的封装

三极管三个引脚的分布有一定的规律（即封装形式），根据规律可以非常方便地进行三个引脚的识别。在修理和检测中，需要了解三极管的各引脚。不同封装的三极管，其引脚分布的规律不同。

（1）常见塑料封装如图 2-44 所示。

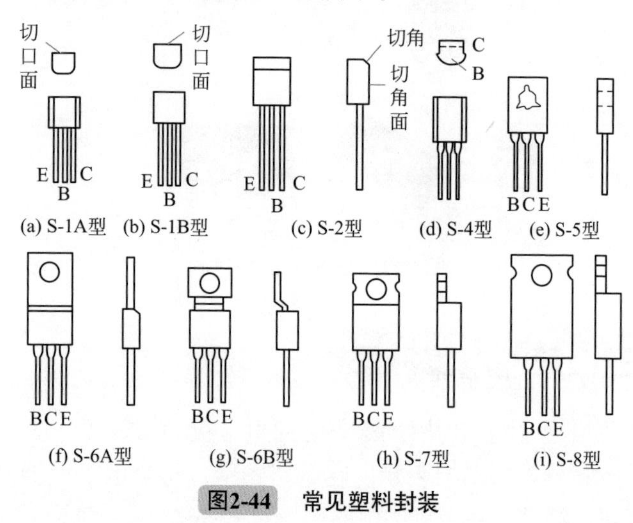

图2-44　常见塑料封装

（2）常见金属封装如图 2-45 所示。

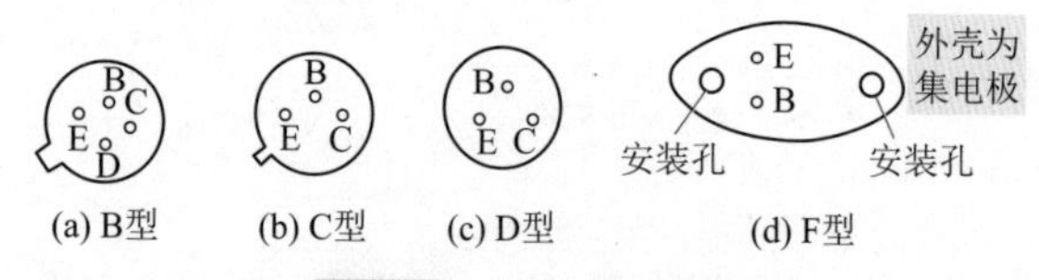

图2-45　常见金属封装

4.用数字式万用表判别三极管

（1）判别基极　首先用红表笔假设三极管的某个引脚为基极，然后将数字式万用表置于“二极管”挡，用红表笔接三极管假设的基极，黑表笔分别接另外两

个引脚，若显示屏显示数值都为“0.5 ～ 0.8”，说明假设的脚的确是基极，并且该管为 NPN 型三极管，如图 2-46 所示。

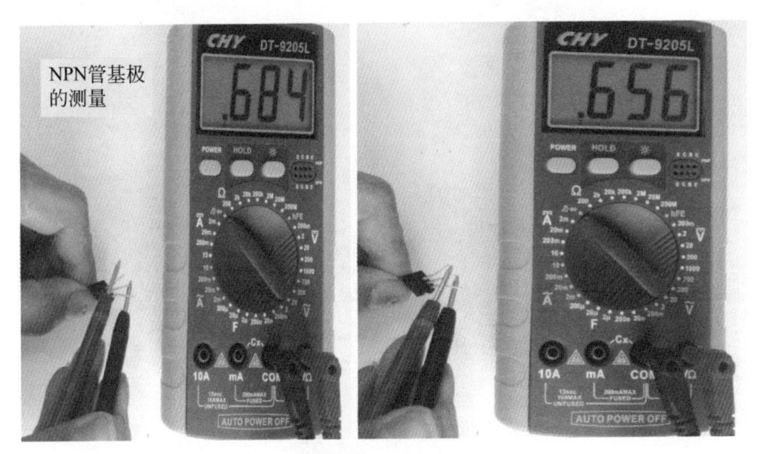

图2-46　判别基极

若红表笔接假定基极引脚、黑表笔接另一个引脚时，显示屏显示的数值为“0.5 ～ 0.7”，而黑表笔接第三个引脚时，数值为无穷大（有的数字式万用表显示“1”，有的显示“OL”），则让黑表笔重新接第一个引脚，用红表笔接第三个引脚实验，多次倒换表笔直到假定正确。即黑表笔接假定脚，红表笔接另两个引脚都显示 0.5 ～ 0.8 为止，假定正确，此时为 PNP 管。在测试中，所有引脚或只有一次显示，为坏。

假设三极管的某个引脚为基极，然后将数字式万用表置于“二极管”挡，用黑表笔接三极管假设的基极，红表笔分别接另外两个引脚，若显示屏显示数值都为“0.5 ～ 0.8”，说明假设的引脚的确是基极，并且该管为 PNP 型三极管，如图 2-47 所示。

（2）集电极、发射极的判别（放大倍数检测）　实际使用三极管时，还需要判断哪个引脚是集电极，哪个引脚是发射极。用万用表通过测量 PN 结和三极管放大倍数 h_{FE} 就可以判别三极管的集电极、发射极。

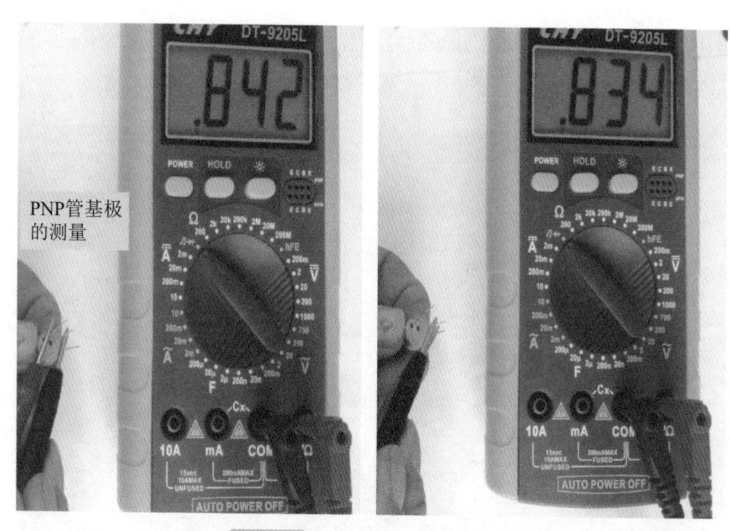

图2-47　PNP管基极的测量

① 通过PN结阻值判别的方法　参见图2-48，显示屏显示的数值较小时，说明黑表笔接的引脚是集电极；显示屏显示的数值较大时，说明黑表笔接的引脚是发射极。

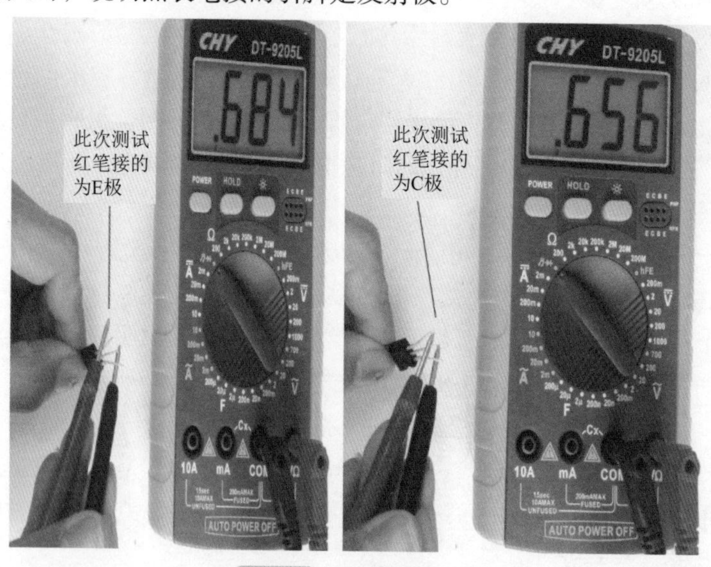

图2-48　判别C极和E极

② 通过万用表测量 h_{FE} 判别的方法　如图 2-49 所示，万用表的面板都有 NPN、PNP 型三极管 “B”“C”“E” 引脚插孔，所以检测三极管的 h_{FE} 时，首先要确认被测三极管是 NPN 型还是 PNP 型，然后将它的基极（B）、集电极（C）、发射极（E）3 个引脚插入面板上相应的 “B”“C”“E” 插孔内，再将万用表置于 “h_{FE}” 挡，通过显示屏显示的数据就可以判断出三极管的 C 极、E 极。若数据较小或为0，可能是假设的C、E极反了，将C、E引脚调换后插入，此时数据较大，则说明插入的引脚是正确的 C、E 极。

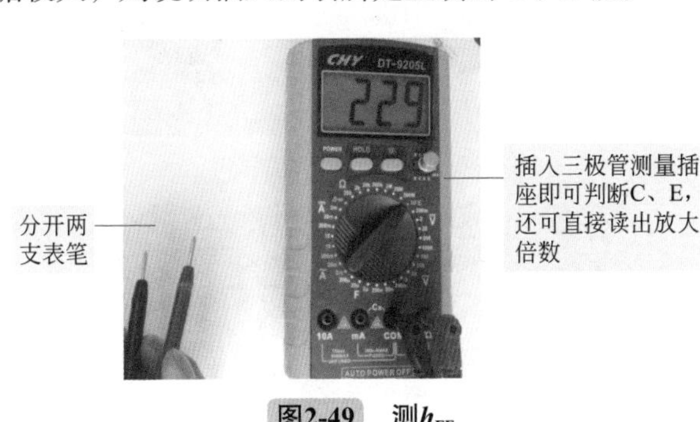

图2-49　测h_{FE}

该方法不仅可以识别出三极管的引脚，而且可以确认三极管的放大倍数。

八　检测场效应管

1. 场效应晶体管种类与符号

场效应晶体管简称场效应管，是一种外形与三极管相似的半导体器件，特别适用于大规模集成电路，在高频、中频、低频、直流、开关及阻抗变换电路中应用广泛。

场效应管的品种有很多，按其结构可分为两大类，一类是结型场效应管，另一类是绝缘栅型场效应管，而且每种结构又有 N

沟道和 P 沟道两种导电沟道。

场效管一般都有 3 个极，即栅极 G、漏极 D 和源极 S，为方便理解可以把它们分别对应于三极管的基极 B、集电极 C 和发射极 E。场效应管的源极 S 和漏极 D 结构是对称的，在使用中可以互换。

N 沟道型场效应管对应 NPN 型三极管，P 沟道型场效应管对应 PNP 型三极管，常见场效应管的实物外形如图 2-50 所示，其电路符号如图 2-51 所示。

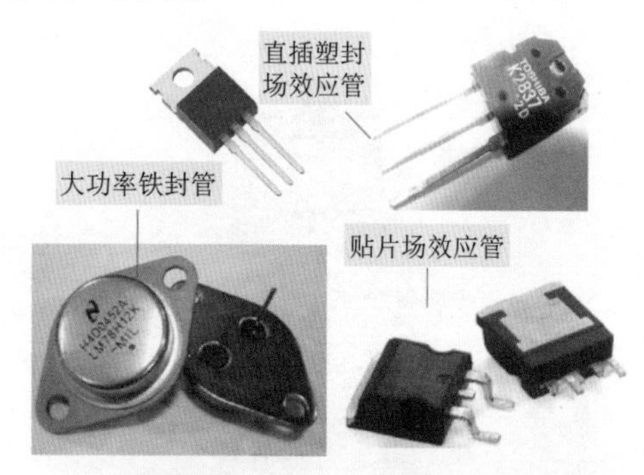

图2-50　场效应管的实物外形

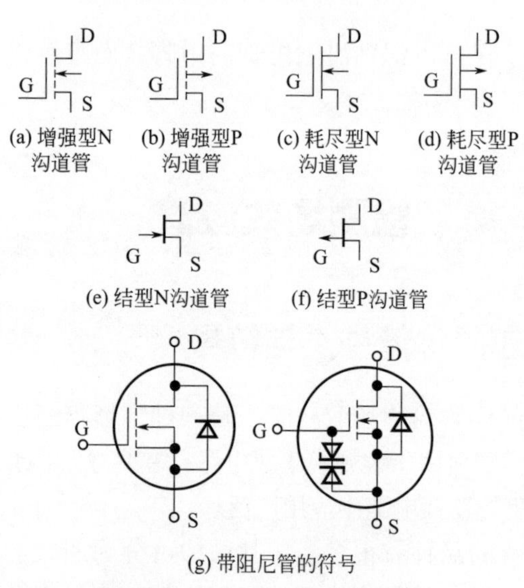

图2-51　场效应管的电路符号

2. 主要参数

绝缘栅型场效应管的直流输入电阻、输出电阻，漏源击穿电压 U_{DSS}，栅源击穿电压 U_{GSS} 和结型场效应管相同，下面介绍其他参数的含义。

（1）饱和漏源电流 I_{DSS}　对于耗尽型绝缘栅场效应管，将栅极、源极短路，使栅极、源极间电压 U_{GS} 为 0，再使漏极、源极间电压 U_{DS} 为规定值后，产生的漏源电流就是饱和漏源电流 I_{DSS}。

（2）夹断电压 U_P　对于耗尽型绝缘栅场效应管，能够使漏源电流 I_{DS} 为 0 或小于规定值的源栅偏置电压就是夹断电压 U_P。

（3）开启电压 U_T　对于增强型绝缘栅场效应管，当漏源电压 U_{DS} 为规定值时，使沟道可以将漏极、源极连接起来的最小电压就是开启电压 U_T。

3. 用数字式万用表检测大功率绝缘栅场效应管

引脚的判别：首先给场效应管引脚进行短路放电，如图 2-52 所示。

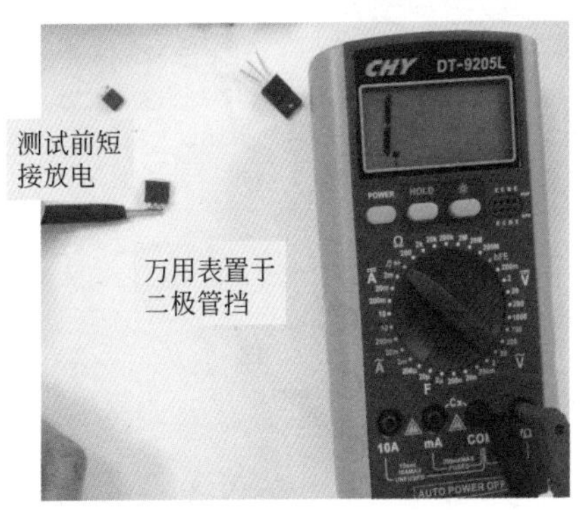

场效应管的检测

图2-52　测试前短接放电

由于大功率绝缘栅场效应管的漏极（D 极）、源极（S 极）间并联了一只二极管，所以测量 D、S 极间的正、反向电阻，也就是该二极管的阻值，就可以确认大功率场效应管的引脚功能。判别时既可以使用数字式万用表，也可以使用指针式万用表，下面介绍使用数字式万用表判别绝缘栅大功率 N 沟道 75n75 型场效应管引脚的方法，如图 2-53 所示。

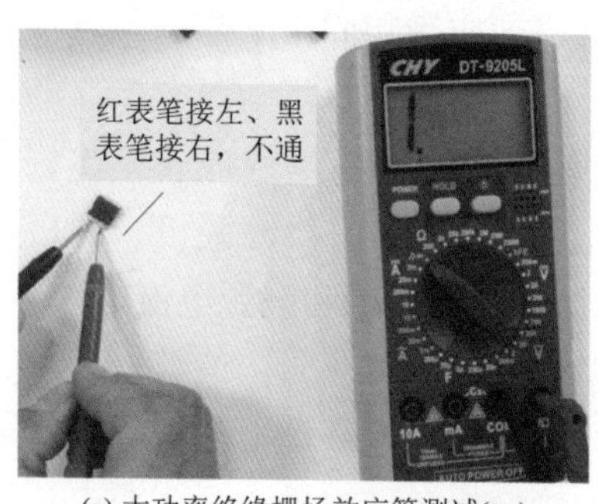

(a) 大功率绝缘栅场效应管测试(一)

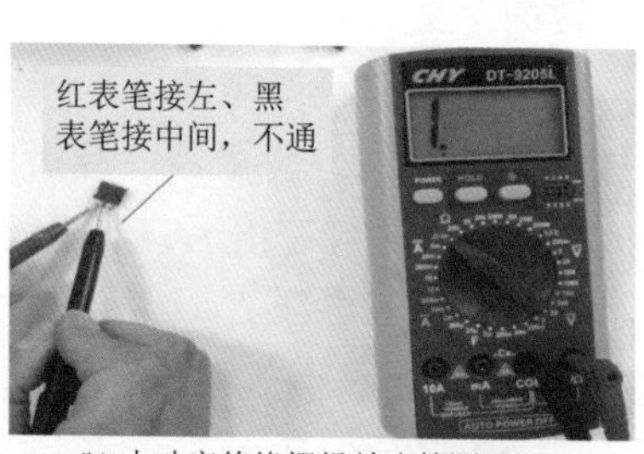

(b) 大功率绝缘栅场效应管测试(二)

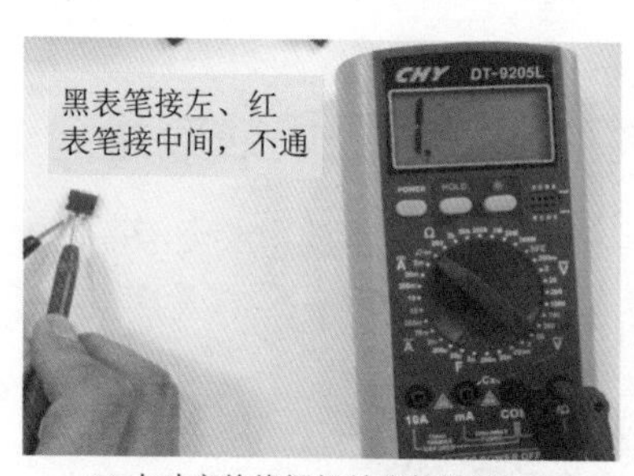

(c) 大功率绝缘栅场效应管测试(三)

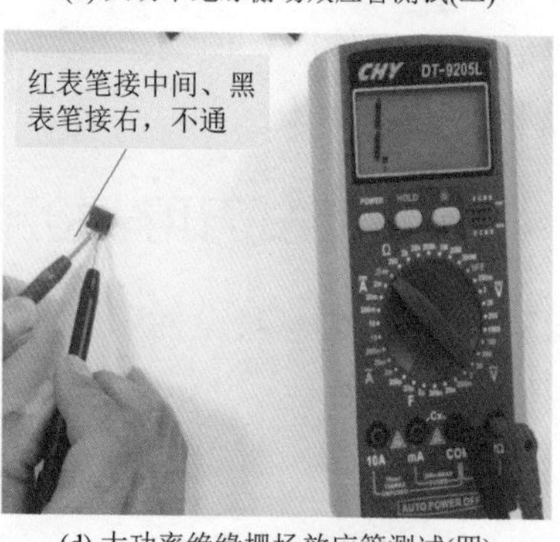

(d) 大功率绝缘栅场效应管测试(四)

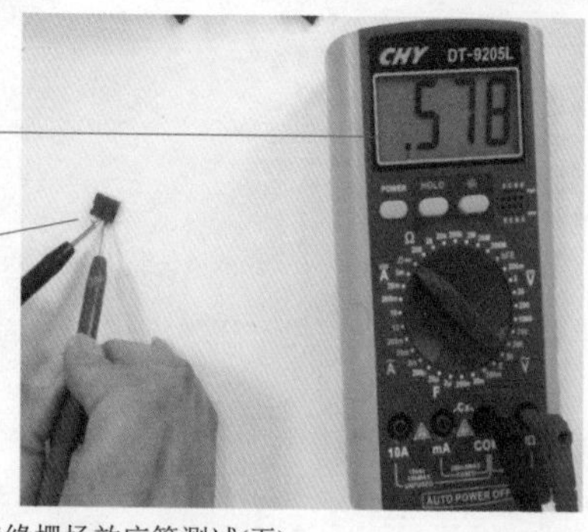

(e) 大功率绝缘栅场效应管测试(五)

图2-53　绝缘栅场效应管测试

九 检测晶闸管（可控硅）

1.晶闸管的电路符号

晶闸管是电子电路中最常用的电子元件之一，一般用字母“K”“VS”加数字表示，晶闸管外形如图 2-54 所示。在电路图中，每个电子元器件都有其电路图形符号。晶闸管的电路图形符号如图 2-55 所示。

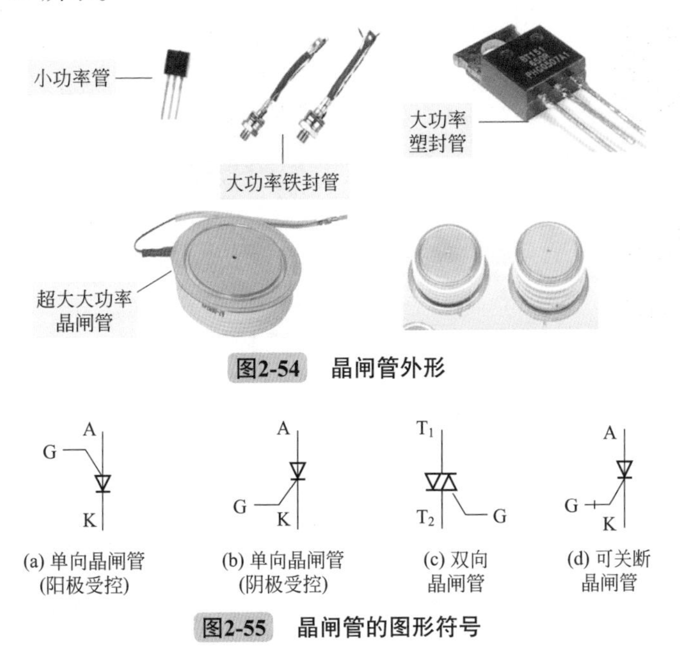

图2-54 晶闸管外形

图2-55 晶闸管的图形符号

2.用数字式万用表检测单向晶闸管

（1）单向晶闸管引脚的判别 由于单向晶闸管的 G 极与 K 极之间仅有 1 个 PN 结，所以这 2 个引脚间具有单向导通特性，而其余引脚间的阻值或导通压降值应为无空大。下面介绍用数字式万用表检测的方法。

首先，将数字式万用表置于“二极管”挡，表笔任意接单向晶闸管两个引脚，测试中出现 0.6 ～ 0.7 的数值时，说明此时红表笔接的是 G 极，黑表笔接的是 K 极，剩下的引脚是 A 极。

（2）单向晶闸管触发导通能力的检测 如图 2-56、图 2-57 所示，黑表笔接 K 极，红表笔接 A 极，导通压降值应为无穷大，此时用红表笔瞬间短接 A、G 极，随后测 A、K 极之间的导通压降值，若导通压降值迅速变小，说明晶闸管被触发并能够维持导通状态；否则，说明该晶闸管已损坏。

单向晶闸管的检测

双向晶闸管的检测

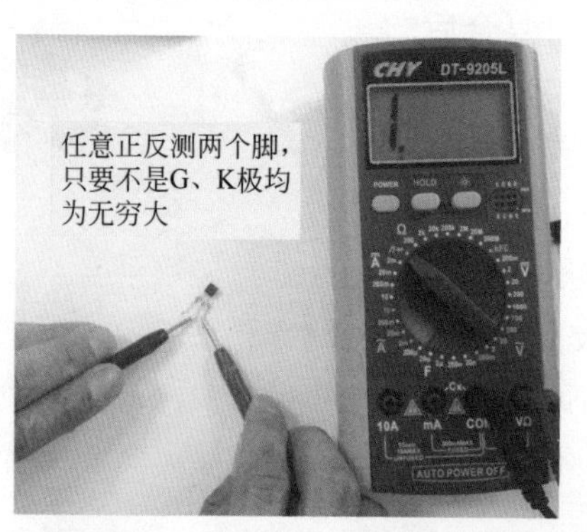

图2-56 二极管挡测晶闸管（一）

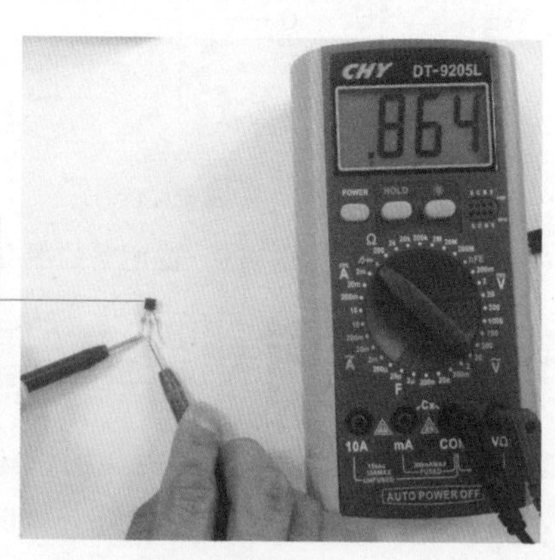

图2-57 二极管挡测晶闸管（二）

如在测量过程中不显示 PN 结电压，或正反都为无穷大，则管子损坏。

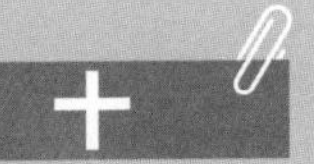

检测绝缘栅双极型晶体管

1. 绝缘栅双极型晶体管的结构和符号

绝缘栅双极型晶体管简称 IGBT，是功率场效应管与双极型（PNP 或 NPN）管复合后的一种新型复合型器件，广泛应用于电动机变频调速控制、程控交换机电源、计算机系统不停电电源 UPS、变频空调器、数控机床伺服控制等。

绝缘栅双极型晶体管是由功率 MOSFET 与双极型晶体管（GTR）复合而成的，电路符号如图 2-58 所示，其基本结构是由栅极 G、发射极 C、集电极 E 组成的三端口电压控制器件，常用 N 沟道 IGBT 内部结构简化等效电路。其封装与普通双极型大功率三极管相同，有多种封装形式，如图 2-59 所示。

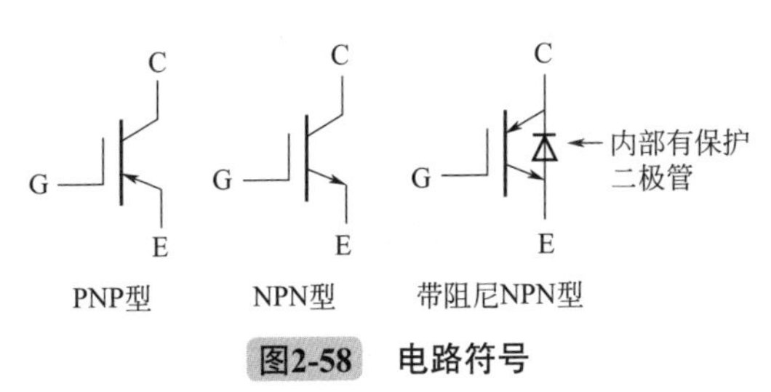

图2-58 电路符号

图2-59 多种封装形式的IGBT

2. 主要参数

（1）最大集电极电流 I_{CM}： 表征 IGBT 的电流容量，分为直流条件下的 I_C 和 1ms 脉冲条件下的 I_{CP}。

（2）集电极 - 发射极最高电压 U_{CES}： 表征 IGBT 集电极 - 发射极的耐压能力。目前 IGBT 耐压等级有 600V、1000V、1200V、1400V、1700V、3300V。

（3）栅极 - 发射极击穿电压 U_{GEM}： 表征 IGBT 栅极 - 发射极之间能承受的最高电压，其值一般为 ±20V。

（4）栅极 - 发射极开启电压 $U_{GE(th)}$： 指 IGBT 器件在一定的集电极 - 发射极电压 U_{CE} 下，流过一定的集电极电流 I_C 时的最小开栅电压。当栅源电压等于开启电压 $U_{GE(th)}$，IGBT 开始导通。

（5）输入电容 C_{IES}： 指 IGBT 在一定的集电极 - 发射极电压 U_{CE} 和栅极 - 发射极电压 U_{GE}=0 下，栅极 - 发射极之间的电容，表征栅极驱动瞬态电流特征。

（6）集电极最大功耗 P_{CM}： 表征 IGBT 最大允许功率。

（7）开关时间： 它包括导通时间 t_{on} 和关断时间 t_{off}。导通时间 t_{on} 又包含导通延迟时间 t_d 和上升时间 t_r。关断时间 t_{off} 又包含关断延迟时间 t_d 和下降时间 t_f。

3. 用数字式万用表测量IGBT

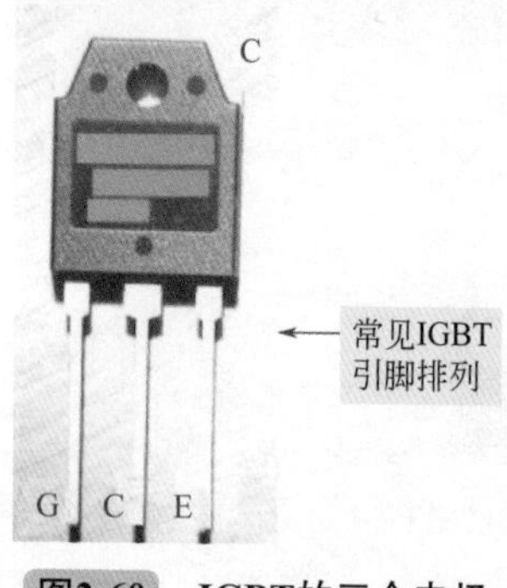

图2-60　IGBT的三个电极

（1）检测之前最好用镊子短路一下 G、E 极，否则可能会因为干扰信号而导通。

（2）IGBT 有三个电极，分别是 G、C、E 极，G 极跟 C、E 极绝缘，C 极跟 E 极绝缘。常见的 IGBT 在 C 极和 E 极里面集成了一个阻尼二极管，万用表笔可以测到这个二极管。常见的

IGBT 管脚排列顺序如图 2-60 所示，从左到右分别是 G、C、E。有散热片类型的，散热片跟 C 极是相通的，这种类型在有的电路中需要做绝缘措施。

① 万用表选到二极管挡，分别测 G 极和 C 极，万用表均显示过量程，如图 2-61 所示。

② 测试 G 极和 E 极，万用表显示过量程，如图 2-62 所示。

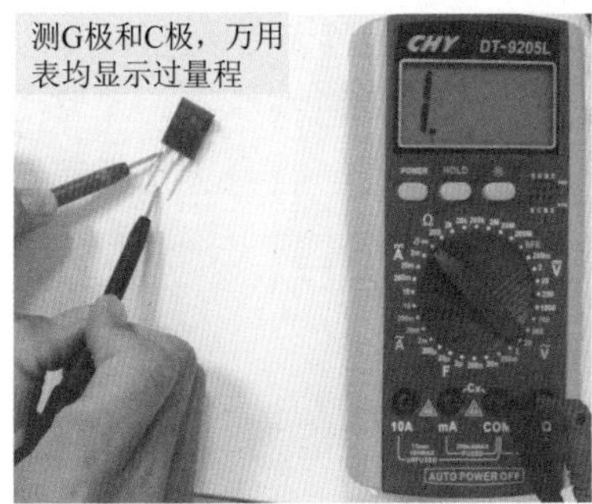

图2-61 测G极和C极

图2-62 测试G极和E极

③ C 极接红表笔，E 极接黑表笔，显示过量程，如图 2-63 所示。

④ C 极接黑表笔，E 极接红表笔，测到里面的二极管，万用表显示二极管的导通值，如图 2-64 所示。

绝缘栅晶体管IGBT的检测

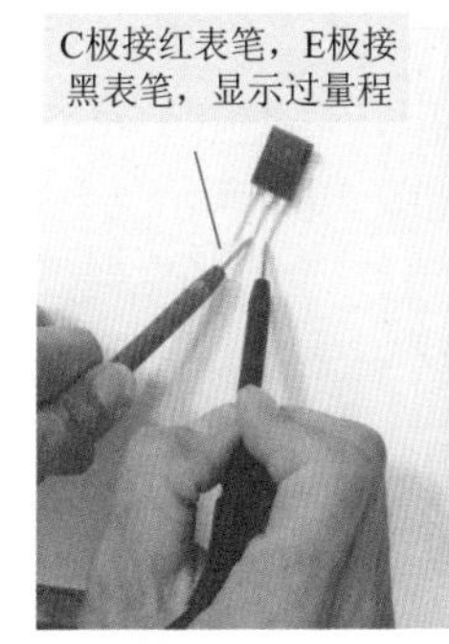

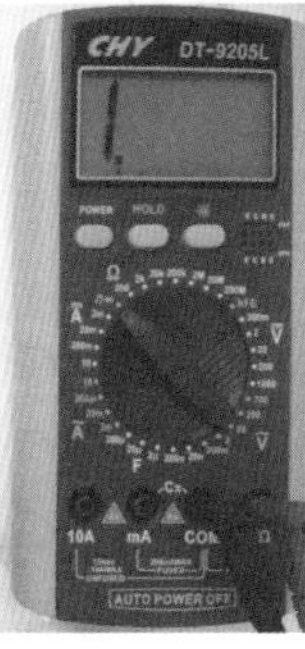

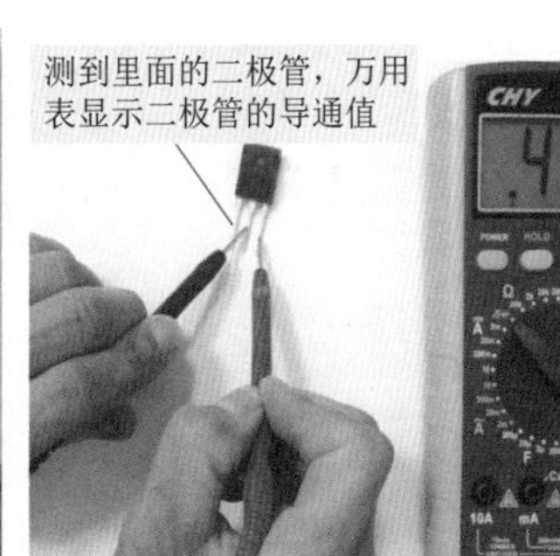

图2-63 测试C极和E极（一）

图2-64 测试C极和E极（二）

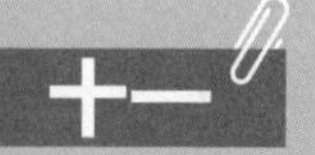

十一 检测晶体谐振器

1. 晶体振荡器分类

晶振是晶体振荡器（有源晶振）和晶体谐振器（无源晶振）的统称，其作用在于产生原始的时钟频率，这个频率经过频率发生器的放大或缩小后就成了电路中各种不同的总线频率。通常无源晶振需要借助于时钟电路才能产生振荡信号，自身无法振荡起来。有源晶振是一个完整的谐振振荡器。电路中常见的晶振，如图 2-65 所示。

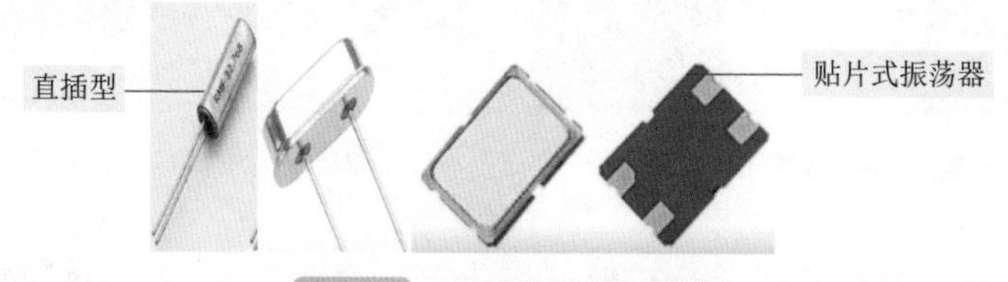

图2-65　电路中常见的晶振

2. 晶振是电路符号

晶振是电子电路中最常用的电子元件之一，一般用字母“X”“G”或“Z”表示，单位为 Hz。在电路图中，每个电子元器件都有其电路图形符号，晶振的电路图形符号如图 2-66 所示。

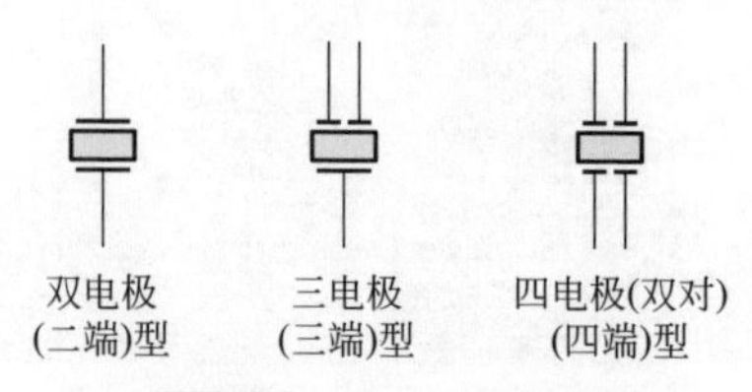

图2-66　晶振电路符号

3. 数字式万用表检测晶体谐振器

晶体谐振器的结构类似一只小电容，所以可用电容挡测量晶体的容量，通过所测得的容量值来判断它是否正常。如图 2-67 所示。表 2-5 是常用晶体谐振器的容量参考值。

石英晶振的检测

图2-67　数字表测晶体谐振器

表 2-5　常用晶体谐振器的容量参考值

频率	容量/pF（塑料或陶瓷封装）	容量/pF（金属封装）
400～503kHz	320～900	—
3.58MHz	56	3.8
4.4MHz	42	3.3
4.43MHz	40	3

十二　检测集成电路

集成电路，又称为 IC，按其功能、结构的不同，可以分为模拟集成电路、数字集成电路和数 / 模混合集成电路三大类。

1. 集成电路的封装及引脚排列

集成电路的明显特征是引脚比较多（远多于三个引脚），各引脚均匀分布。集成电路一般是长方形的，也有正方形的，功率大的集成电路带金属散热片，小信号集成电路没有散热片。

（1）单列直插式封装 单列直插式封装（SIP），引脚从封装一个侧面引出，排列成一条直线。通常，它们是通孔式的，管脚插入印刷电路板的金属孔内。当装配到印刷基板上时封装呈侧立状。单列直插式封装集成电路实物如图 2-68 所示。

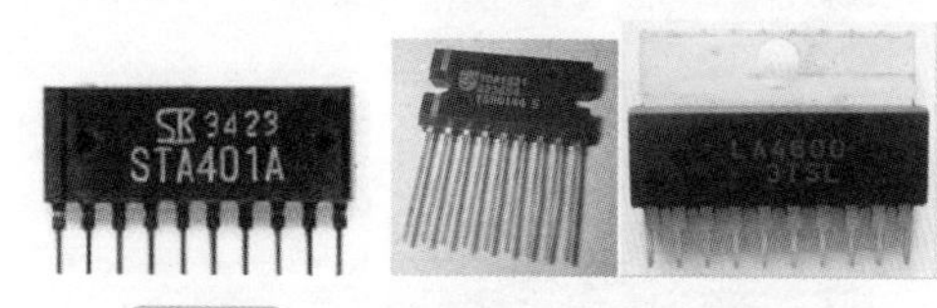

图2-68 单列直插式封装集成电路

单列直插式封装具体外形很多，集成电路都有一个较为明显的标记来指示第一个引脚的位置，而且是自左向右依次排序，这是单列直插式封装集成电路的引脚分布规律。

若无任何第一个引脚的标记，则将有型号的一面朝着自己，且将引脚朝下，最左端为第一个引脚，如图 2-69 所示。

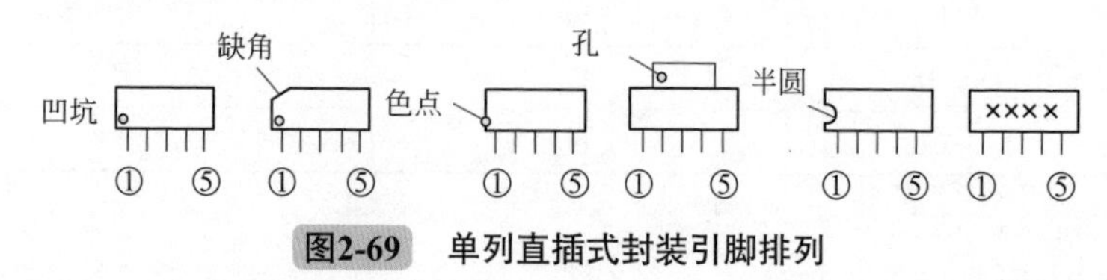

图2-69 单列直插式封装引脚排列

（2）单列曲插式封装 单列曲插式封装（ZIP）是单列直插式封装形式的一种变化，它的管脚仍是从封装体的一边伸出，这样在一个给定的长度范围内，提高了管脚密度。引脚中心距通常为 2.54mm，引脚数为 2 ～ 23，多数为定制产品。单列曲插式封装集成电路实物如图 2-70 所示。

单列曲插式封装集成电路的引脚呈一列排列，但是引脚不是直的，而是弯曲的，即相邻两个引脚弯曲排列。

图2-70　单列曲插式封装集成电路

单列曲插式封装集成电路还有许多，它们都有一个标记表示第一个引脚的位置，然后依次从左向右顺序排列。当单列曲插式封装集成电路上无明显的标记时，可按单列直插式封装集成电路引脚识别方法来识别。如图 2-71 所示。

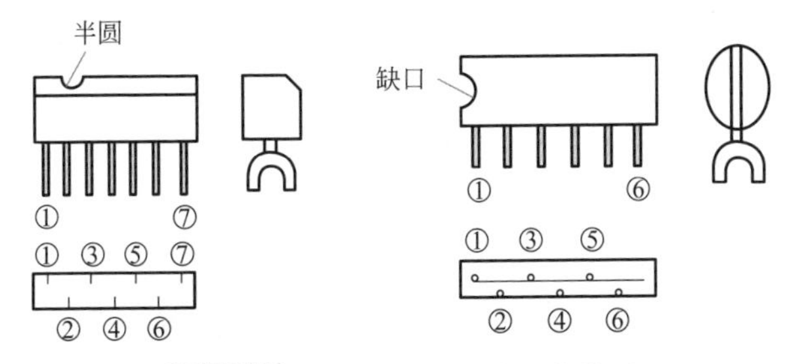

图2-71　单列曲插式封装引脚排列

（3）双列直插式封装　双列直插式封装也叫 DIP（Dual In-line Package），是一种最简单的封装方式，大多数中小规模集成电路均采用这种封装形式，其引脚数一般不超过 100。DIP 封装的 CPU 芯片有两排引脚，需要插入具有 DIP 结构的芯片插座上。双列直插式封装集成电路实物如图 2-72 所示。

图2-72　双列直插式封装集成电路

双列直插式集成电路的引脚分布规律：有各种形式的明显标记指明第一个引脚的位置，然后沿集成电路外沿逆时针方向依次顺序排列。

无任何明显的引脚标记时，将印有型号的一面朝着自己正向放置，左侧下端第一个引脚为①脚，逆时针方向依次顺序排列。如图 2-73 所示。

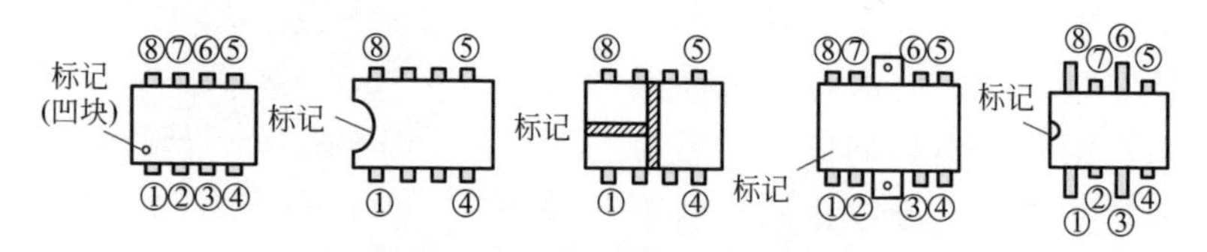

图2-73 双列直插式封装引脚排列

（4）四列表贴封装 随着生产技术的提高，电子产品的体积越来越小，体积较大的直插式封装集成电路已经不能满足需要。故设计者又研制出一种贴片封装的集成电路，这种封装的集成电路引脚很小，可以直接焊接在印制电路板的印制导线上。四列表贴封装如图 2-74 所示。

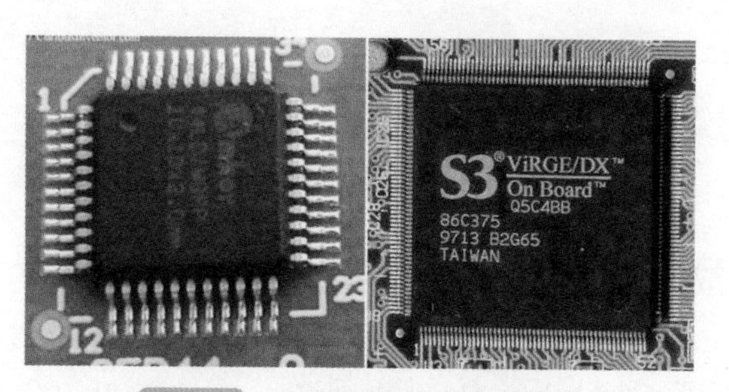

图2-74 四列表贴封装集成电路

四列表贴封装集成电路的引脚分成四列，集成电路左下方有一个标记，左下方第一个引脚为①脚，然后逆时针方向依次顺序排列。四列表贴封装引脚排列如图 2-75 所示。

（5）金属封装 金属封装是半导体器件封装的最原始的形式，它将分立器件或集成电路置于一个金属容器中，用镍作封盖并镀上金。金属圆形外壳采用由封接合金材料冲制成的金属底座，借

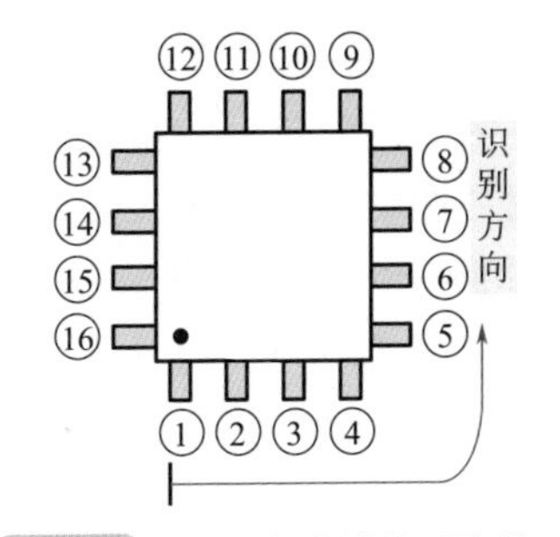

图2-75　四列表贴封装引脚排列

助封接玻璃，在氮气保护气氛下将封接合金引线按照规定的布线方式熔装在金属底座上，经过引线端头的切平和磨光后，再镀镍、金等惰性金属给予保护。在底座中心进行芯片安装和在引线端头用铝硅丝进行键合。组装完成后，用10钢带所冲制成的镀镍封帽进行封装，构成气密的、坚固的封装结构。金属封装的优点是气密性好，不受外界环境因素的影响。它的缺点是价格昂贵，外形单一，不能满足半导体器件日益快速发展的需要。现在，金属封装所占的市场份额已越来越小。少量产品用于特殊性能要求的军事或航空航天技术中。金属封装集成电路实物如图2-76所示。

图2-76　金属封装集成电路

金属封装集成电路外壳呈金属圆帽形，引脚识别方法：将引脚朝上，从突出键标记端起，顺时针方向依次顺序排列。金属封装引脚排列图如图2-77所示。

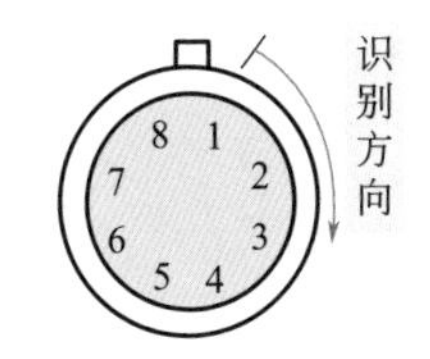

图2-77　金属封装引脚排列

（6）反方向引脚排列集成电路　前面介绍的集成电路均为引脚正向排列的集成电路，引脚从左向右依次排列，或从左下方第一个引脚逆时针方向依次排列各引脚。

引脚反向排列的集成电路则是从右向左依次排列，或从左上端第一个引脚为①脚，顺时针方向依次排列各引脚，与引脚正向排列的集成电路规律恰好相反。

引脚正、反向分布规律可以从集成电路型号上识别，例如，HA1366W 引脚为正向排列，HA1366WR 引脚为反向排列。型号后多一个大写字母 R 表示这一集成电路的引脚为反向排列，它们的电路结构、性能参数相同，只是引脚排列相反。

（7）厚膜电路 厚膜电路也称为厚膜块，其制造工艺与半导体集成电路有很大不同。它将晶体管、电阻、电容等元器件用陶瓷片或塑料封装起来。其特点是集成度不是很高，但可以耐受的功率很大，常应用于大功率单元电路中，如图 2-78 所示为厚膜电路，引出线排列顺序从标记开始从左至右依次排列。

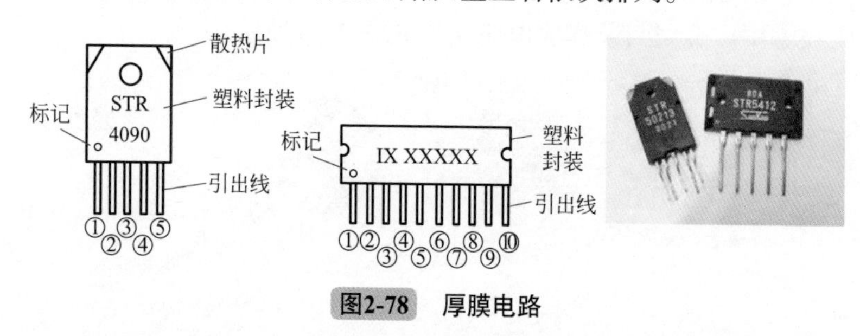

图2-78 厚膜电路

2. 集成电路的主要参数

（1）集成电路的电气参数 不同功能的集成电路，其电气参数的项目也各不相同，但多数集成电路均有最基本的几项参数（通常在典型直流工作电压下测量）。

① 静态工作电流 静态工作电流是指在集成电路的信号输入脚无信号输入的情况下，电源脚与接触脚回路中的直流电流。该参数对确认集成电路是否正常十分重要。集成电路的静态工作电流包括典型值、最小值、最大值 3 个指标。若集成电路的静态工

作电流超出最大值和最小值范围，而它的供电脚输入的直流工作电压正常，并且接地端子也正常，就可确认被测集成电路异常。

② 增益　增益是指集成电路内部放大器的放大能力。增益又分开环增益和闭环增益两项，并且也包括典型值、最小值、最大值3个指标。用万用表无法测出集成电路的增益，需要使用专门仪器来测量。

③ 最大输出功率　最大输出功率是指输出信号的失真度为额定值（通常为10%）时，集成电路输出脚所输出的电信号功率，一般也分别给出典型值、最小值、最大值3项指标。该参数主要用于功率放大型集成电路。

（2）集成电路的极限参数　集成电路的极限参数主要有以下几项。

① 最大电源电压　最大电源电压是指可以加在集成电路供电脚与接地脚之间的直流工作电压的极限值。使用中不允许超过此值，否则会导致集成电路过电压损坏。

② 允许功耗　允许功耗是指集成电路所能承受的最大耗散功率，主要用于功率放大型集成电路（简称功放）。

③ 工作环境温度　工作环境温度是指集成电路能维持正常工作的最低和最高环境温度。

④ 储存温度　储存温度是指集成电路在储存状态下的最低和最高温度。

3.集成电路的检测方法

在修理有集成电路的电子产品时，对集成电路进行判断是一个重要内容，否则会事倍功半。首先要掌握该集成电路的用途、内部结构原理、主要电气特性等，必要时还要分析内部电路原理图。除了这些，如果再有各引脚对地直流电压、波形、对地正反向直流电阻值，就更容易判断了。然后按现象判断其故障部位，再按部位查找故障元件，有时需要多种判断方法去证明该器件是否损坏。一般对集成电路的检查判断方法有两种：一是不在线判断，即集成电路未焊入印刷电路板的判断，在没有专用仪器设备的条件下，要确定集成电路的质量好坏是很困难的，一般情况下可用直流电阻法测量各引脚与接地脚之间的正、反向电阻值并与完好集成电路进行比较，也可以采用替换法把可疑的集成电路插到正常电路同型号的集成电路的位置上来确定其好坏；二是在线检查判断，即集成电路连接在印制电路板上的判断方法。在线判断是检修集成电路最实用和有效的方法。下面对几种方法进行简述。

（1）电压测量法 用万用表测出各引脚对地的直流工作电压值，然后与标称值相比较，依此来判断集成电路好坏。但要区别非故障性的电压误差。如图 2-79 ～图 2-82 所示。

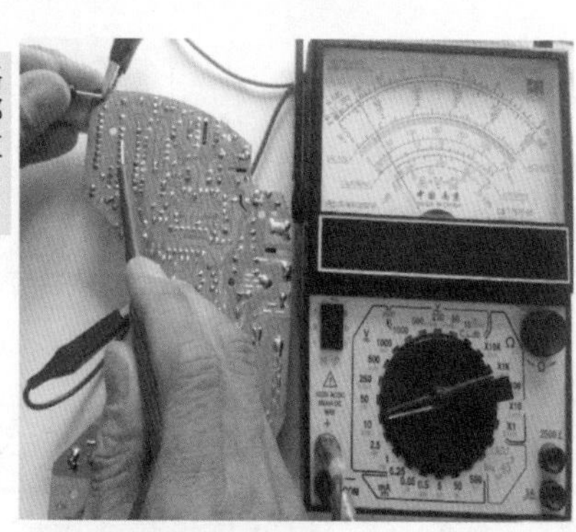

图2-79 在路测量集成电路引脚电压（一）

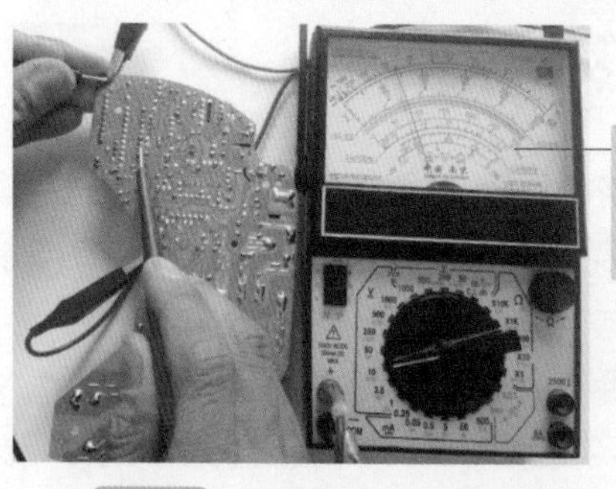

图2-80 在路测量集成电路引脚电压（二）

测量集成电路各引脚的直流工作电压时，如遇到个别引脚的电压与原理图或维修技术资料中所标电压值不符，不要急于断定集成电路已损坏，应该先排除以下几个因素后再确定。

① 原理图上标称电压是否有误。因为常有一些说明书、原理图等资料上所标的数值与实际电压值有较大差别，有时甚至是错误的。此时，应多找一些有关资料进行对照，必要时分析内部图与外围电路，对所标电压进行计算或估算来验证所标电压是否正确。

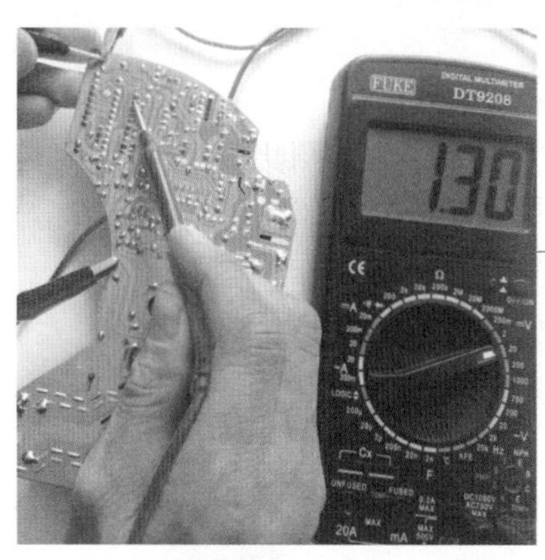

图2-81　数字表在路测量（一）

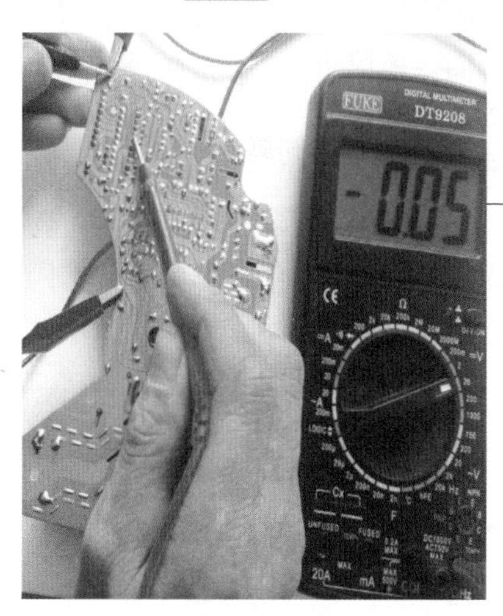

图2-82　数字表在路测量（二）

② 标称电压的性质应区别开，即电压是属静态工作电压还是动态工作电压。因为集成块的个别引脚随着注入信号的有无而明显变化，此时可把频道开关置于空频道或有信号频道，观察电压是否恢复正常。如后者正常，则说明标称电压属动态工作电压，而这动态电压又是在某一特定的条件下的电压。

③ 外围电路可变元件可能引起引脚电压变化。当测出电压与标称电压不符时，可能因为个别引脚或与该引脚相关的外围电路连接的是一个阻值可变的电位器（如音量电位器、色饱和度电位器、对比度电位器等）。这些电位器所处的阻值位置不同，引脚电压会有明显不同，所以当出现某一引脚电压不符时，要考虑该此脚或与该引脚相关联的电位器的阻值位置变化，可调节电位器看引脚电压能否与标称值相近。

④ 使用万用表不同，测得数值有差别。万用表表头内阻不同或不同直流电压挡会造成误差，一般原理图上所标的直流电压都是以测试仪表的内阻大于 20kΩ/V 进行测试的，当用内阻小于 20kΩ/V 的万用表进行测试时，将会使被测结果低于原来所标的电压。

综上所述，就是在集成块没有故障的情况下，由于某种原因而使所测结果与标称值不同，所以总的来说，在进行集成块直流电压或直流电阻测试时要规定一个测试条件，尤其是要作为实测经验数据记录时更要注意这一点。通常把各电位器旋到机械中间位置，信号源采用一定场强下的标准信号，当然，如能再记录各电位器同时在最小值和最大值时的电压值，那就更具有代表性了。如果排除以上几个因素后，所测的个别引脚电压还是不符合标称值时，需进一步分析原因，但不外乎两种可能：一是集成电路本身故障引起；二是集成块外围电路造成。如何区分这两种故障源，是修理集成电路的关键。

（2）在线直流电阻普测法　如果发现引脚电压有异常，可以先测试集成电路的外围元器件好坏以判定集成电路是否损坏。断电情况下测定阻值比较安全，而且可以在没有资料和数据以及不必了解其工作原理的情况下，对集成电路的外围电路进行在线检查。在相关的外围电路中，以快速的方法对外围元器件进行一次测量，以确定是否存在较明显的故障。方法是用万用表 $R\times1$ 或 $R\times10$ 挡分别测量二极管和三极管的正、反向电阻值。此时由于电阻挡位定得很低，外围电路对测量数据的影响较小，可很明显地看出二极管、三极管的正、反向电阻值，尤其是 PN 结的正向电阻增大或短路更容易发现。然后可对电感是否开路进行测量，正常时电感两端的在线直流电阻只有零点几欧最多至几十欧，具体阻值要看电感的结构而定。如测出两端阻值较大，那么即可断定电感开路。继而根据外围电路元件参数的不同，采用不同的电阻挡位测量电容和电阻，检查是否有较为明显的短路和开路故障，排除由于外围电路引起个别引脚的电压变化，再判定集成电路是否损坏，如图 2-83、图 2-84 所示。

图2-83　电阻挡测量（一）

（3）电流流向跟踪电压测量法　此方法是根据集成电路内部和外围元件所构成的电路，并参考供电电压（即主要测试点的已知电压）进行各点电位的计算或估算，然后对照所测电压是否符合正常值来判断集成块的好坏。本方法必须具备完整的集成块内部电路图和外围电路原理图。

图2-84　电阻挡测量（二）

（4）在线直流电阻测量对比法　它是利用万用表测量待查集成电路各引脚对地正反向直流电阻值与正常值进行对照来判断好坏。这一方法是一种机型同型号集成电路的正常可靠数据，以便和待查数据对比。自己要积累这些正常数据，应注意事项如下：

① 测试条件要规定好，测验记录前要记下被测机牌号、机型、集成电路型号，并设定与该集成电路相关电路的可变电位器应在机械中心位置，测试后的数据要注明万用表的直流电阻挡位，一般设定在 $R\times1\text{k}$ 或 $R\times10$ 挡，红表笔接地或黑表笔接地测两个数据。

② 测量造成的误差应注意：测量用万用表要选内阻≥ 20kΩ/V 的，并且确认该万用表的误差值在规定范围内，并尽可能用同一台万用表进行数据对比。

③ 原始数据所用电路应和被测电路相同：牌号机型不同，但集成电路型号相同，还是可以参照的。不同机型不同电路要区别，因为同一块集成电路，可以有不同的接法，所得直流电阻值也有差异。

（5）非在线数据与在线数据对比法　集成电路未与外围电路连接时所测得的各引脚对应于接地脚的正、反向电阻值称为非在线数据。非在线数据通用性强，可以对不同集成电路，不同电路、集成电路型号相同的电路做对比。具体测量对比方法如下：首先应把被查集成电路的接地脚用空心针头和烙铁使之与印制电路板脱离，再对应于某一怀疑引脚进行测量对比。如果被怀疑引脚有较小电阻连接于地与电源之间，为了不影响被测数据，该引脚也可以与印制电路板开路。例如，CA3065E 只要把②、⑤、⑥、⑨、⑫五个引脚与印制电路板脱离，各引脚应和非在路原始数据相同，否则，集成电路有故障。

十三　检测三端稳压器

三端稳压器主要有两种：一种输出电压是固定的，称为固定输出三端稳压器，另一种输出电压是可调的，称为可调输出三端稳压器，其基本原理相同，均采用串联型稳压电路。在线性集成稳压器中，由于三端稳压器只有三个引出端子，具有外接元件少、使用方便、性能稳定、价格低廉等优点，因而得到广泛应用。

1. 固定式三端稳压器的封装

固定式三端稳压器是目前应用最广泛的稳压器。常见的固定式三端稳压器封装如图 2-85 所示。

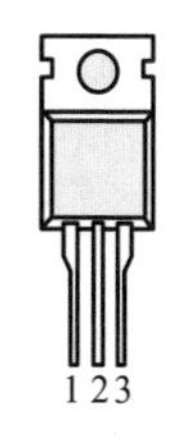

1脚输入，2脚接地，3脚输出
(a) 大功率塑封

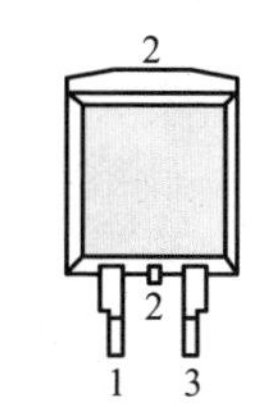

1脚输入，2脚接地，3脚输出
(b) 大功率表贴塑封

图2-85

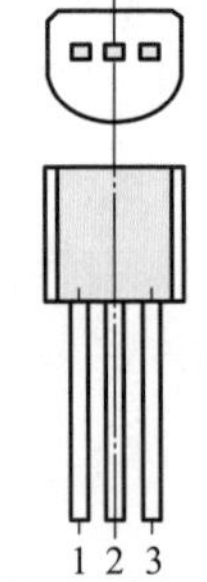

1脚输入，2脚接地，3脚输出(78XX系列)
1脚接地，2脚输入，3脚输出(79XX系列)
(c) 小功率塑封

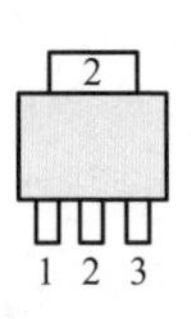

1脚输出，2脚接地，3脚输入
(d) 小功率表贴塑封

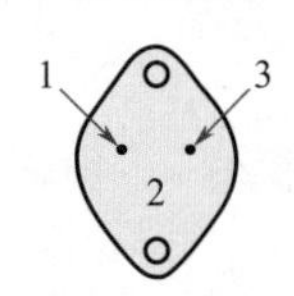

1脚输入，2脚接地，3脚输出(78XX系列)
1脚接地，2脚输入，3脚输出(79XX系列)
(e) 大功率金属封装

图2-85　常见固定式三端稳压器封装

2.三端稳压器检测

下面以三端稳压器 KA7812 为例进行介绍，检测过程如图 2-86 所示。

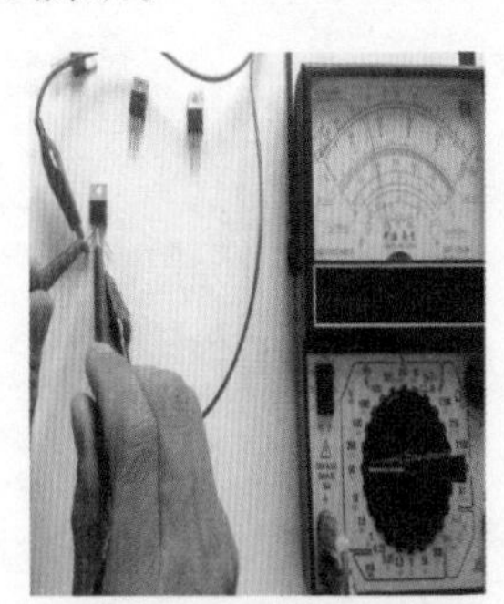

(a) 用指针表测量输入电压

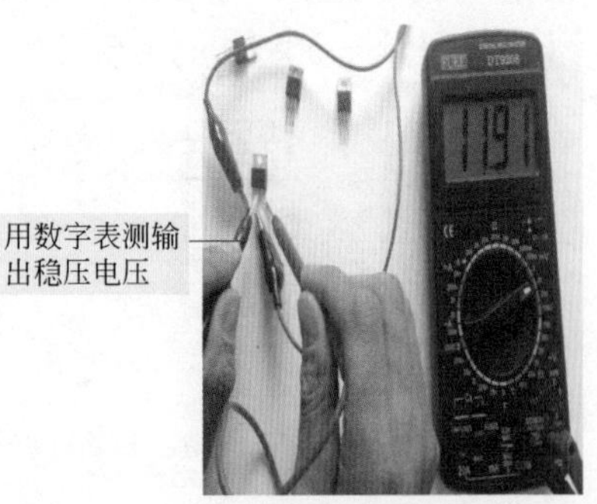

(b) 用数字表测量输出电压

图2-86　三端稳压器KA7812的检测示意图

三端稳压器的检测

将 KA7812 的供电端和接地端通过导线接在稳压电源的正、负极输出端子上，将稳压电源调在 16V 直流电压输出挡上，测得 KA7812 的供电端与接地端之间的电压为 15.87V，输出端与接地端间的电压为 11.91V，说明该稳压器正常。若输入端电压正常，而输出端电压异常，则为稳压器异常。

若稳压器空载电压正常，而接上负载时，输出电压下降，则说明负载过电流或稳压器带载能力差，这种情况下，缺乏经验的人员最好采用代换进行判断，以免误判。

十四　检测集成运算放大电路

1. 集成运算放大器的型号与结构

集成运算放大器简称集成运放，是具有高放大倍数的集成电路。它的内部是直接耦合的多级放大器，整个电路可分为输入级、中间级、输出级三部分。输入级采用差分放大电路以消除零点漂移和抑制干扰；中间级一般采用共发射极电路，以获得足够高的电压增益；输出级一般采用互补对称功放电路，以输出足够大的电压和电流，其输出电阻小，负载能力强。目前，集成运放已广泛用于模拟信号的处理和产生电路之中，因其高性能、低价位，在大多数情况下，已经取代了分立元件放大电路。

（1）集成运算放大器的电路符号　集成运放的文字符号为“IC”，如图 2-87 所示。集成运放一般具有两个输入端，即同相输入端 U_+ 和反相输入端 U_-；具有一个输出端 U_o。

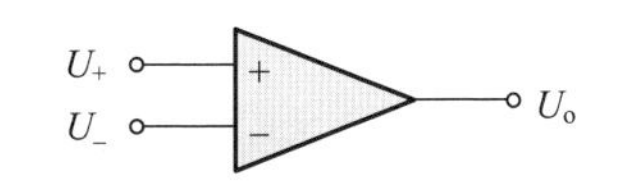

图2-87　集成运放的图形符号

（2）集成运算放大器的结构　集成运放内部电路结构如图 2-88 所示，由高阻抗输入级、中间放大级、低阻抗输出级和偏置电路等组成。输入信号由同相输入端 U_+ 或反相输入端 U_- 输入，经中间放大级放大后，通过低阻抗输出级输出。中间放大级由若干级直接耦合放大器组成，提供极大的开环电压增益（100dB 以上）。偏置电路为各级提供合适的工作点。

（3）常用型号 集成运算放大器型号较多，常用型号有 LM324、LM339、MJC30205、LM393、LM358 等型号，其中 LM339、MJC30205 等可直接互换使用，LM324、LM339 供电电压不同，原理相同。

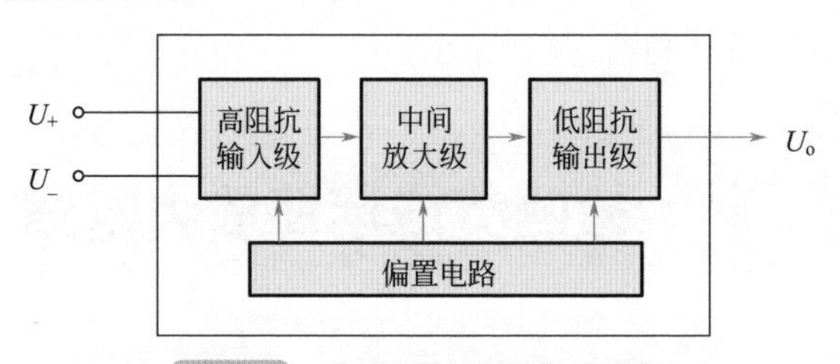

图2-88 集成运放内部电路结构

2.LM324 集成运算放大器

LM324 是四运放集成电路，它采用 14 脚双列直插塑料封装，外形如图 2-89 所示。它的内部包含四组形式完全相同的运算放大器，除电源共用外，四组运放相互独立。LM324 的封装及内部结构如图 2-89 所示。

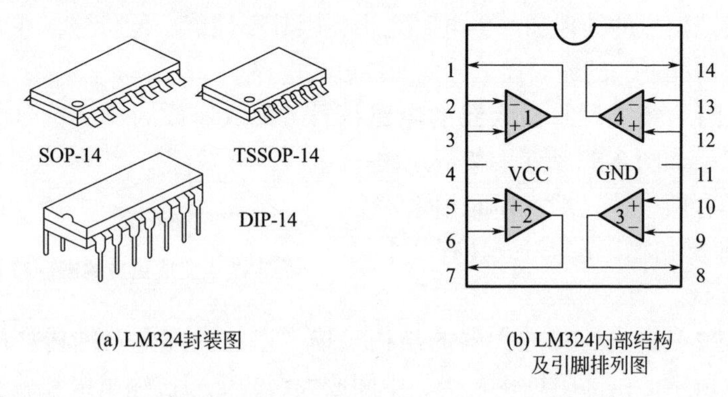

(c) 集成电路实物图

图2-89　LM324集成运算放大器

（1）各引脚功能　LM324各引脚功能如表2-6所示。

表2-6　LM324各引脚功能和电压值

引脚	①	②	③	④	⑤	⑥	⑦
功能	A输出	A反相输入	A同相输入	电源	B同相输入	B反相输入	B输出
电压/V	3	2.7	2.8	5	2.8	2.7	3
引脚	⑧	⑨	⑩	⑪	⑫	⑬	⑭
功能	C输出	C反相输入	C同相输入	地	D同相输入	D反相输入	D输出
电压/V	3	2.7	2.8	0	2.8	2.7	3

（2）各引脚对地正、反向阻值　LM324各引脚对地正、反向阻值如表2-7所示。

表2-7　LM324各引脚对地正、反向阻值

引脚	①	②	③	④	⑤	⑥	⑦
正向电阻/kΩ	150	∞	∞	20	∞	∞	150
反向电阻/kΩ	7.6	8.7	8.7	5.9	8.7	8.7	7.6
引脚	⑧	⑨	⑩	⑪	⑫	⑬	⑭
正向电阻/kΩ	150	∞	∞	地	∞	∞	150
反向电阻/kΩ	7.6	8.7	8.7	地	8.7	8.7	7.6

3.集成运算放大器的检测

集成运算放大器的检测

（1）检测对地电阻值 检测时，万用表置于“$R\times1$k”挡，先用红表笔（表内电池负极）接集成运放的接地引脚，黑表笔（表内电池正极）接其余各引脚，测量各引脚对地的正向电阻；然后对调两表笔，测量各引脚对地的反向电阻，如图2-90所示。

将测量结果与正常值比较，以判断该集成运放的好坏。如果测量结果与正常值出入较大，特别是电源端对地阻值为0Ω或无穷大，则说明该集成运放已损坏。

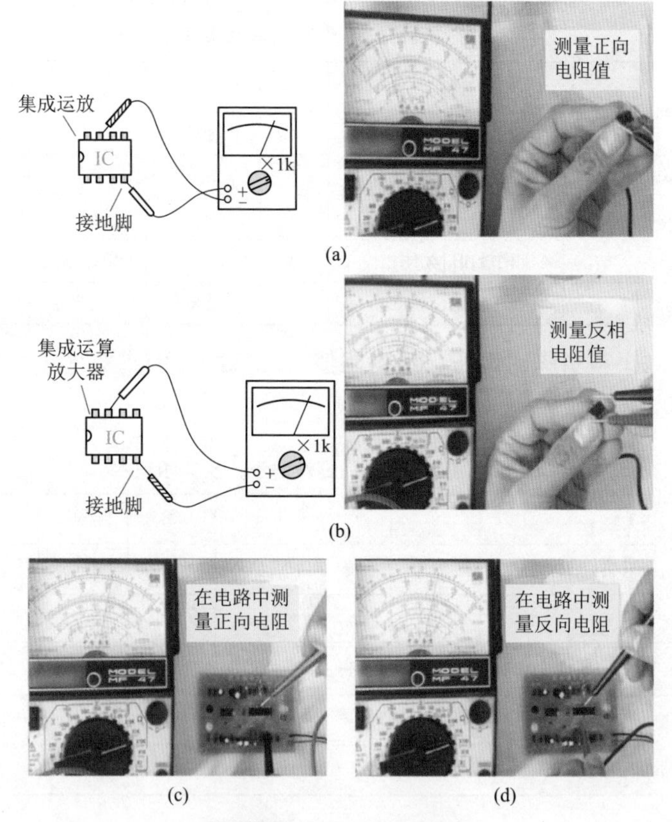

图2-90　检测对地电阻值

（2）检测静态电压值　检测时，根据被测电路的电源电压将万用表置于适当的直流“V”挡。例如，被测电路的电源电压为5V，则万用表置于直流“10V”挡，测量集成运放各引脚对地的静态电压值，如图2-91所示。

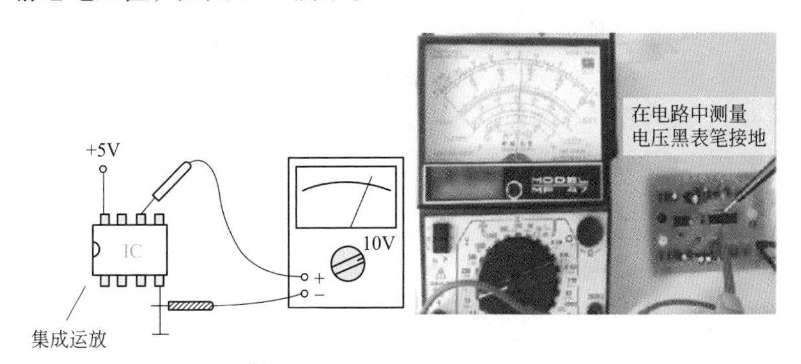

图2-91　检测集成运放各引脚电压

将测量结果与各引脚电压的正常值相比较，即可判断该集成运放的工作是否正常。如果测量结果与正常值出入较大，而且外围元器件正常，则说明该集成运放已损坏。

（3）估测集成运算放大器的放大能力　检测时，按图2-92所示给集成运放接上工作电源。为简便起见，可只使用单电源接在集成运放正、负电源端之间，电源电压可取10～30V。万用表置于直流“V”挡，测量集成运放输出端电压，应有一定数值。

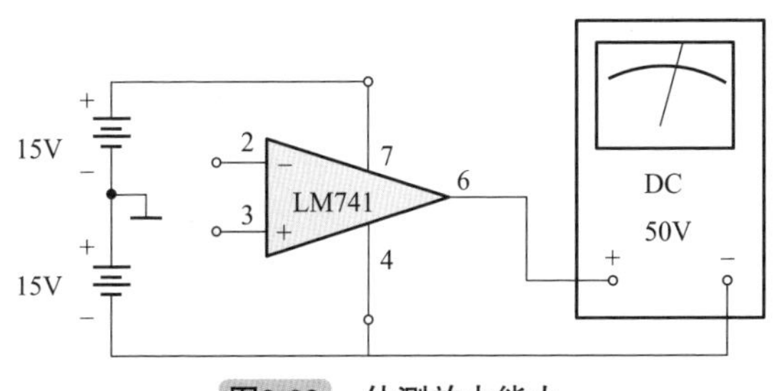

图2-92　估测放大能力

用小螺丝刀分别触碰集成运放的同相输入端和反相输入端，万用表指针应有摆动，摆动越大说明集成运放开环增益越大。如果万用表指针摆动很小，说明该集成运放放大能力差。如果万用表指针不摆动，说明该集成运放已损坏。

（4）检测集成运放的正相放大特性 检测电路如图 2-93 所示，工作电源取 ±15V，集成运放构成同相放大电路，输入信号由电位器 R_P 提供并接入同相输入端。万用表置于直流“50V”挡，红表笔接集成运放输出端，黑表笔接负电源端，这样连接可以不必使用双向电压表。

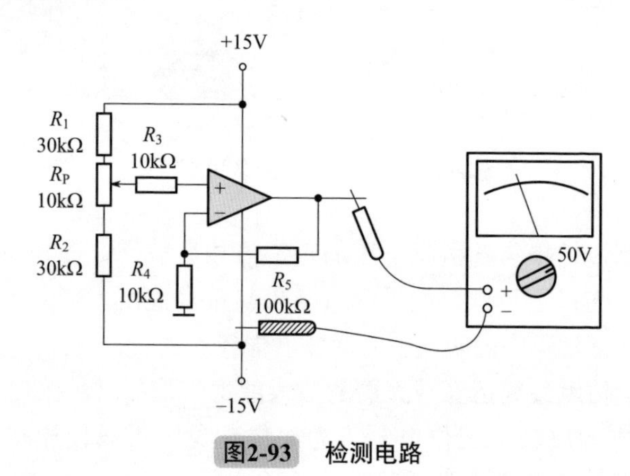

图2-93 检测电路

将电位器 R_P 置于中间位置，接通电源后，万用表指示应为“15V”。调节 R_P 改变输入信号，万用表指示的输出电压应随之变化。向上调节 R_P，万用表指示应从 15V 起逐步上升，直到接近 30V 达到正向饱和。向下调节 R_P，万用表指示应从 15V 起逐步下降，直至接近 0V 达到负向饱和，如果上下调节 R_P 时，万用表指示不随之变化，或变化范围太小，或变化不平稳，说明该集成运放已损坏或性能太差。

（5）检测集成运放的反相放大特性 检测电路类似图 2-93，只是将电位器 R_P 提供的输入信号由反相输入端接入，集成运放构成反相放大电路，如图 2-94 所示。万用表仍置于直流“50V”挡，红表笔接集成运放输出端，黑表笔接负电源端。

将电位器 R_P 置于中间位置，接通电源后，万用表指示应为“15V”。向上调节 R_P，万用表指示应从 15V 起逐步下降，直至接近 0V 达到负向饱和。向下调节 R_P，万用表指示从 15V 起逐步上升，直到接近 30V 达到正向饱和，如果上下调节 R_P 时，万用表指示不随之变化，或变化范围太小，或变化不平稳，说明该集成运放已损坏或性能太差。

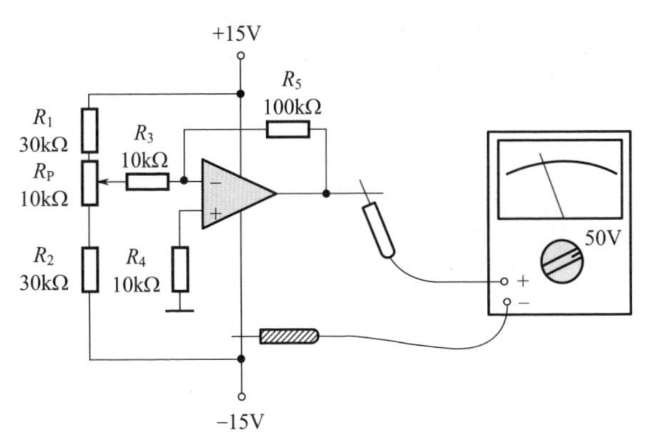

图2-94　检测反相放大特性

十五　检测555时基电路

1. 引脚功能及内部结构

555 时基电路是一种目前应用十分广泛的电路，用它再加少量外围元件，就可构成施密特触发器、单稳态触发器、RS 触发器和多谐振荡器等多种不同功能的电路。

单时基电路是一种能产生时间基准和能完成各种定时或延时功能的非线性模拟集成电路，包括单时基电路、双时基电路、双极型时基电路和 CMOS 型时基电路等，如图 2-95 所示。

555 时基电路有 AN1555、CA555、FX555、HA7555、LM1555C、NE555、NJM555、TA7555、μA555、μPC15555C、5G1555 等多种型号，均为双列直插式塑料封装结构。其中，单时基电路一般为 8 脚双列直插式封装，双时基电路一般为 14 脚双列直插式封装。如图 2-96 所示。

图2-95　时基电路的外形及图形符号

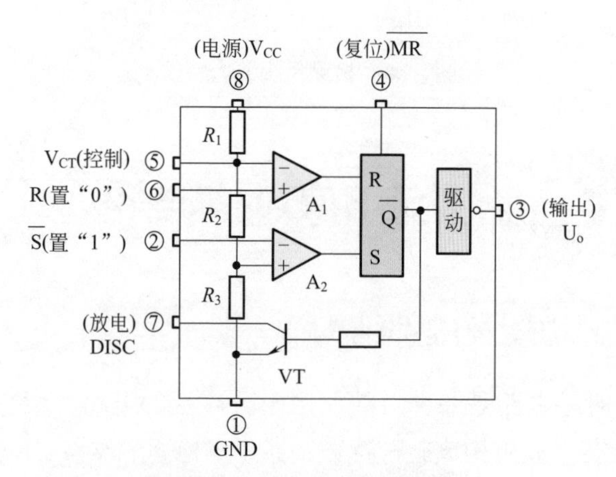

图2-96　555时基电路内部结构

各引脚功能如表 2-8 所示。

表 2-8　时基电路的引脚功能

功能	符号	引脚	
		单时基	双时基
正电源	V_{CC}	⑧	⑭
地	GND	①	⑦
置“0”	R	⑥	②、⑫
置“1”	$\bar{S}$	②	⑥、⑧
输出	U_o	③	⑤、⑨
控制	V_{CT}	⑤	③、⑪
复位	$\overline{MR}$	④	④、⑩
放电	DISC	⑦	①、⑬

2. 时基电路的检测

（1）检测各引脚对地阻值　检测时，万用表置于“$R\times1k$”挡，红表笔（表内电池负极）接时基电路接地端（单时基电路为①脚，双时基电路为⑦脚），黑表笔（表内电池正极）依次分别接其余各引脚，测量时基电路各引脚对地的正向电阻，如图 2-97 所示。然后对调红、黑表笔，测量时基电路各引脚对地的反向电阻，如图 2-98 所示。

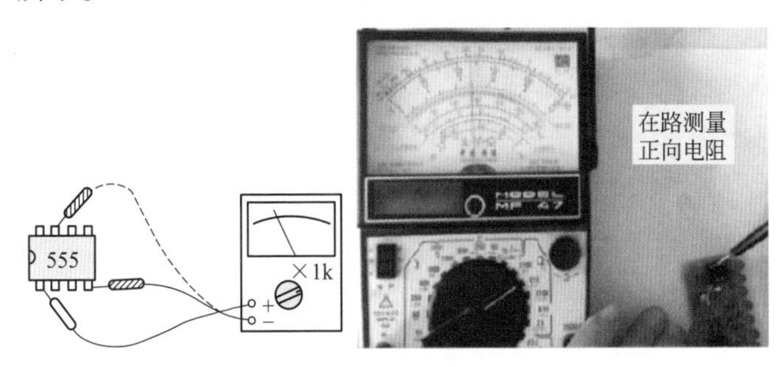

图2-97　检测时基电路各引脚对地的正向电阻

如果电源端（单时基电路为⑧脚，双时基电路为⑭脚）对地电阻为 0Ω 或无穷大，则说明该时基电路已损坏。如果各引脚的对地正、反向电阻与正常值比相差很大，也说明该时基电路已损坏。时基电路各引脚对地的正、反向电阻值见表 2-9。

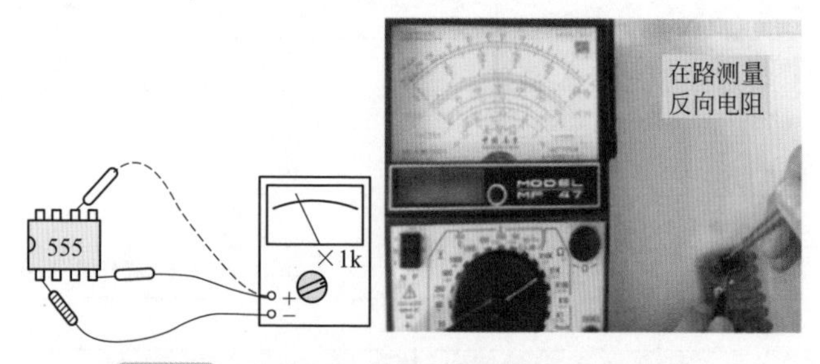

图2-98　检测时基电路各引脚对地的反向电阻

表 2-9　时基电路各引脚对地的正、反向电阻值

引脚	①	②	③	④	⑤	⑥	⑦	⑧
正向电阻/kΩ	地	∞	26	∞	9.5	70	∞	14
反向电阻/kΩ	地	11	9.5	11	8.3	∞	9.5	8.2

（2）检测静态直流电压　检测时，万用表置于直流“10V”挡，测量在路时基电路各引脚对地的静态电压值，如图 2-99 所示。

将测量结果与各引脚电压的正常值相比较，即可判断该时基电路是否正常。如果测量结果与正常值出入较大，而且外围元器件正常，则说明该时基电路已损坏。

（3）检测静态直流电流　检测电源可用一个直流稳压电源，输出电压为 12V 或 15V。如用电池作电源，6V 或 9V 也可。万用表置于直流“50mA”挡，红表笔接电源正极，黑表笔接时基电路电源端，时基电路接地端接电源负极，如图 2-100 所示。接通电源，万用表即指示出时基电路的静态电流。

正常情况下时基电路的静态电流不超过 10mA。如果测得静态电流远大于 10mA，说明该时基电路性能不良或已损坏。

上述检测时基电路静态电流的方法，还可用于区分双极型时基电路和 CMOS 型时基电路。静态电流为 8 ～ 10mA 的是双极型时基电路，静态电流小于 1mA 的是 CMOS 型时基电路。

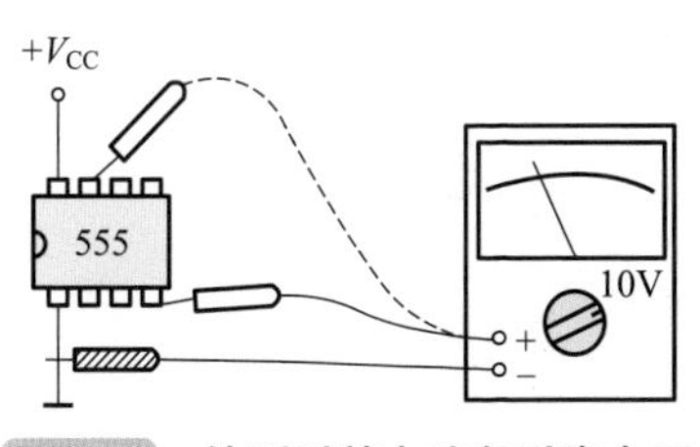

图2-99 检测时基电路各引脚电压

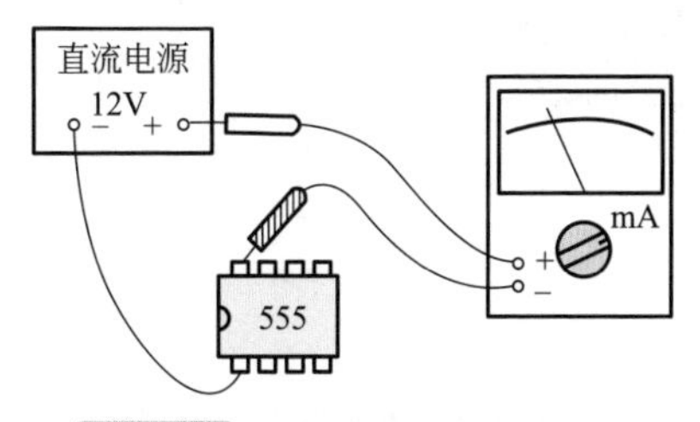

图2-100 检测时基电路静态电流

（4）检测输出电平 检测电路如图 2-101 所示，时基电路接成施密特触发器，万用表置于直流“10V”挡，检测时基电路输出电平。

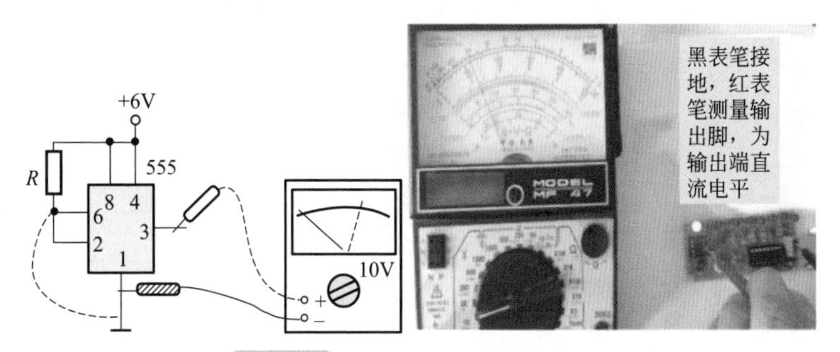

图2-101 检测时基电路输出电平

接通电源后，由于两个触发端（②脚和⑥脚）均通过 R 接正电源，输出端（③脚）为“0”，万用表指示应为 0V。当用导线将两个触发端接地时，输出端变为“1”，万用表指示应为 6V。检测情况如不符合上述状态，说明该时基电路已损坏。

（5）动态检测 检测电路如图 2-102 所示，时基电路接成多谐振荡器，万用表置于直流“10V”挡，检测时基电路输出电平。

该电路振荡频率约为 1Hz，因此可用万用表看到输出电平的变化情况。接通电源后，万用表指针应以 1Hz 左右的频率在 0 ～ 6V 之间摆动，说明该时基电路是好的。如果万用表指针不摆动，说明该时基电路已损坏。

检测555集成电路

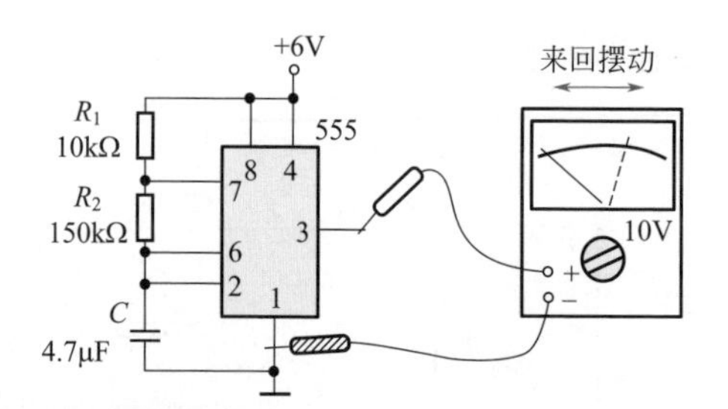

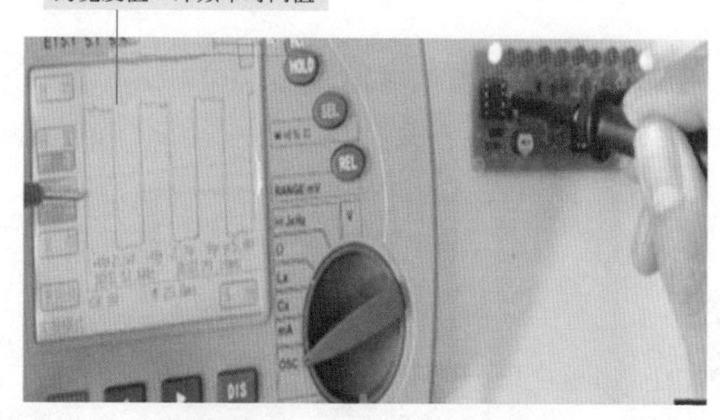

图2-102　动态检测时基电路

第三章

万用表检测复杂器件及线路、设备

一　检测 LED 数码器件

1.数码管的结构

LED 数码管（LED Segment Displays）由多个发光二极管封装在一起组成“8”字形的器件，引起已在内部连接完成，只需引出它们的各个笔画、公共电极。应用较多的是 7 段数码管，又名半导体数码管，内部如有 1 个小数点，称为 8 段数码管。图 3-1 所示为 LED 数码管内部结构。由内部结构可知，可分为共阴极数码管和共阳极数码管两种。图 3-1（b）所示为共阴极数码管电路，8 个 LED（7 段笔画和 1 个小数点）的负极连接在一起接地，译码电路按需给不同笔画的 LED 正极加上正电压，使其显示出相应数字。图 3-1（c）所示为共阳极数码管电路，8 个 LED（7 段笔画和 1 个小数点）的正极连接在一起接地，译码电路按需给不同笔画的 LED 负极加上负电压，使其显示出相应数字。

LED 数码管的 7 个笔段电极分别为 a ～ g（有些资料中为大

写字母），DP 为小数点，如图 3-1（a）所示。LED 数码管的字段显示码如表 3-1 所示。

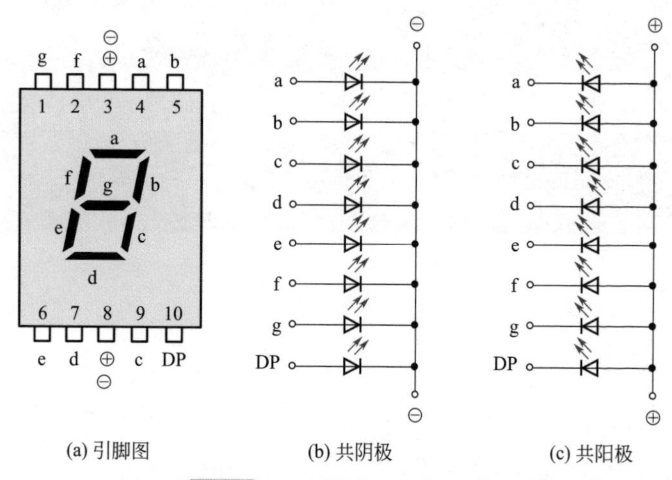

(a) 引脚图　(b) 共阴极　(c) 共阳极

图3-1　LED数码管内部结构

表 3-1　LED 数码管的字段显示码

显示字符	共阴极码	共阳极码	显示字符	共阴极码	共阳极码
0	3fh	C0h	9	6fh	90h
1	06h	F9h	A	77h	88h
2	5bh	A4h	b	7ch	83h
3	4fh	B0h	C	39h	C6h
4	66h	99h	d	5eh	A1h
5	6dh	92h	E	79h	86h
6	7dh	82h	F	71h	8eh
7	07h	F8h	P	73h	8ch
8	7fh	80h	熄灭	00h	ffh

2. 单数码管的检测

（1）从外观识别引脚　LED 数码管一般有 10 个引脚，通常分为两排，当字符面朝上时，左上角的引脚为第一脚，然后顺时针排列其他引脚。一般情况上、下中间的引脚相通，为公共极。其余 8 个引脚为 7 段笔画和 1 个小数点。数码管检测可扫二维码学习。

（2）万用表检测管脚排列及结构类型

① 判别数码管的结构类型（共阴极还是共阳极）：将万用表置于 $R\times10$k 挡，然后用红表笔接触其他任意引脚。当指针大幅度摆动时（应指示数值为 30kΩ 左右，如为 0 则说明红黑表笔接的均是公共电极），黑表笔接的为阳极，黑表笔不动，然后用红表笔依次去触碰数码管的其他引脚，表针均摆动，同时笔段均发光，说明为共阳极；如黑表笔不动，用红表笔依次去触碰数码管的其他引脚，表针均不摆动，同时笔段均不发光，说明为共阴极，此时可对调表笔再次测量，表针应摆动，同时各笔段均应发光。

② 好坏的判断：按上述测量，找到公用电极，共阳极黑表笔接公用电极，用红表笔依次去触碰数码管的其他引脚，表针均摆动，同时笔段均发光，共阴极红表笔接公用电极，用黑表笔依次去触碰数码管的其他引脚，表针均摆动，同时笔段均发光。若触到某个引脚时，所对应的笔段不发光，指针也不动，则说明该笔段已经损坏。

③ 判别引脚排列：使用万用表 $R\times10$k 挡分别测笔段引脚，使各笔段分别发光，即可绘出该数码管的引脚排列图（面对笔段的一面）和内部的边线（图 3-2）。

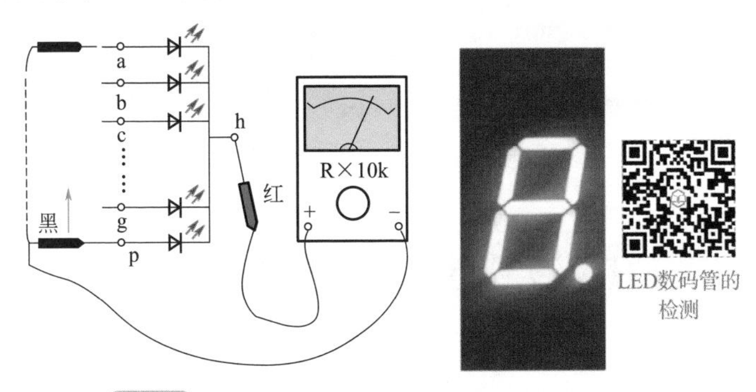

图3-2　好坏的判断及判别管脚排列

二 检测液晶显示器件

1. 液晶显示器的基本构造

液晶的组成物质是一种有机化合物，是以碳为中心所构成的化合物。常温下，液晶是处于固体和液体之间的物质，即具有固体和液体物质的双重特性，利用液晶体的电光效应制作的显示器就是液晶显示器（LCD），广泛应用于各领域作为终端显示器件。

以 TN 型液晶显示器为例，将上下两块制作有透明电极的玻璃，利用胶框对四周进行封接，形成一个很薄的盒，在盒中注入 TN 型液晶材料，通过特定工艺处理，使 TN 型液晶的棒状分子平行地排列于上下电极之间，如图 3-3 所示。

根据需要制作成不同的电极，就可以实现不同内容的显示。

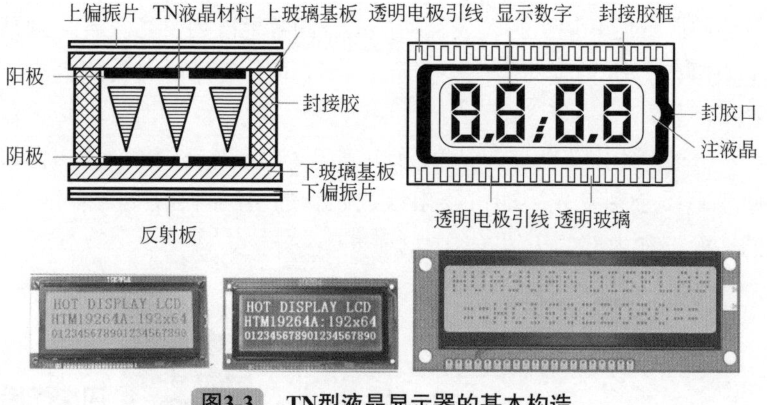

图3-3　TN型液晶显示器的基本构造

2.TN 型液晶显示器的检测

目前应用广泛的是三位半静态显示液晶屏，其引脚引线如图 3-4 及表 3-2 所示。

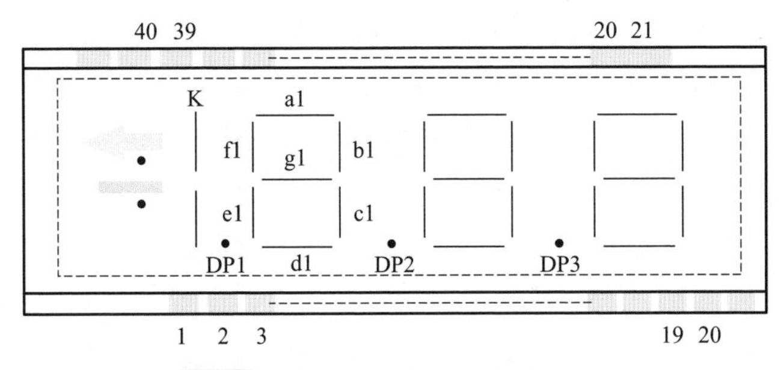

图3-4　液晶显示器引脚排列顺序图

表3-2　液晶显示器引脚排列表

1	2	3	4	5	6	7	8	9	10	11	12	13	14	15	16	17	18	19	20
COM	—	K					DP1	E1	D1	C1	DP2	E2	D2	C2	DP3	E3	D3	C3	B3
40	39	38	37	36	35	34	33	32	31	30	29	28	27	26	25	24	23	22	21
COM		←						g1	f1	a1	b1	L	g2	f2	a2	b2	g3	f3	a3

如若管脚排列标志不清楚时，可用下述方法判定。

（1）万用表测量法　指针式万用表测量法：用 $R\times10\text{k}$ 挡的任一支表笔接触电子表或液晶显示器的公共电极（又称背电极，一般为显示器最后一个电极，而且较宽），另一支表笔轮流接触各笔画电极，若看到清晰、无毛边、不粗大地依次显示各笔画，则液晶完好；若显示不好或不显示，则质量不佳或已坏；若测量时虽显示，但表针在颤动，则说明该笔画有短路现象；有时测某段时出现邻近段显示的情况，这是感应显示，不是故障，这时可不断开表笔，用手指或导线连接该邻近段笔画电极与公共电极，感应显示即会消失。

数字式万用表测量法：万用表置二极管测量挡，用两表笔两两相互测量笔画电极，当出现笔段显示时，表明两笔段中有一引脚为 BP（或 COM）端，由此就可确定各笔段，若屏发生故障，亦可用此法查出坏笔段。对于动态液晶屏，用相同方法找 COM，但屏上不止一个 COM，不同的是，能在一个引出端上引起多笔段显示。

（2）加电显示法 使用一电池组（3～6V），用两支表笔，分别与电池组的“+”和“-”相连，将一支笔上串联一个电阻（约几百欧姆，阻值太大会不显示）。一支表笔的另一端搭在液晶显示屏上，与屏的接触面越大越好。用另一支表笔依次接触引脚。这时与各被接触引脚有关系的段、位便在屏幕上显示出来。测量中如有不显示的引脚，应为公共脚（COM），一般液晶显示屏的公共脚有1或多个。

由于液晶在直流工作时寿命（约500h）比交流时（约5000h）短得多，所以规定液晶工作时直流电压成分不得超过0.1V（指常用的TN型，即扭曲型反射式液晶显示器），故不宜长时间测量。对阈值电压低的电子表液晶（如扭曲型液晶，阈值低于2V），则更要尽可能减短测量时间。

用万用表“～ V”挡检测液晶，将表置于交流250V或500V挡，任一表笔置于交流电网火线插孔，另一表笔依次接触液晶屏各电极。若液晶正常，可看到各笔画的清晰显示，若某字段不显示，说明该处有故障。

三 检测压电传感器

石英晶体在某一方向施加压力时，它的两个表面会产生相反的电荷，电荷量与压力成正比，这种现象称之为压电效应，具有压电效应的物体称之为压电体。利用压电体可以制成压电传感器，是一种自发电式传感器，把力、加速度等非电量转换为电量。符号及外形如图3-5所示

检测方法如下。

第一种方法：将万用表的量程开关拨到直流电压1V挡，左手拇指与食指轻轻捏住压电陶瓷片的两面，右手持万用表的表

笔，红表笔接金属片，黑表笔横放在陶瓷片表面上，然后左手稍用力压一下，随后又松一下，这样在压电陶瓷片上产生两个极性相反的电压信号，使万用表的指针先向右摆，接着回零，随后向左摆一下，摆幅约为 0.1 ～ 0.15V，摆幅越大，说明灵敏度越高。若万用表指针静止不动，说明内部漏电或破损。如图 3-6、图 3-7 所示。

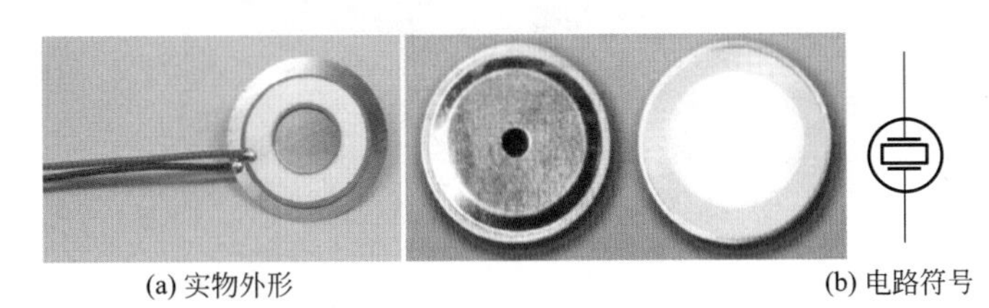

(a) 实物外形　　(b) 电路符号

图3-5　压电传感器外形及符号

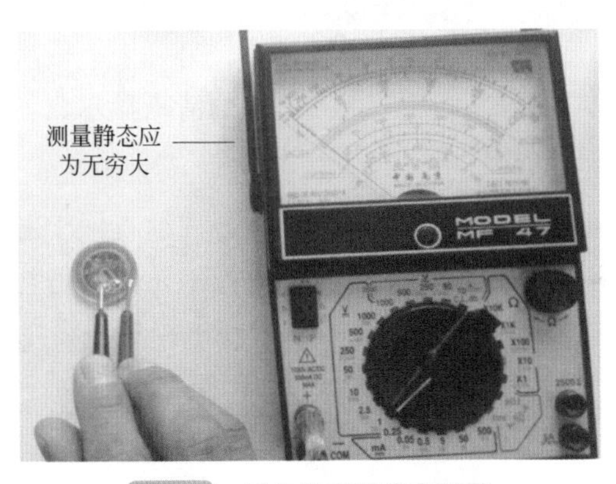

图3-6　压电传感器静态测量

切记不可用湿手捏压电片，测试时万用表不可用交流电压挡，否则观察不到指针摆动，且测试之前最好用 $R\times10k$ 挡，测其绝缘电阻应为无穷大。

第二种方法：用 $R\times10k$ 挡测两极电阻，正常时应为∞，然后轻轻敲击陶瓷片，指针应略微摆动。

图3-7 压电传感器动态测量

四 检测霍尔传感器

1.霍尔传感器的特性与结构

当一块通有电流的金属或半导体薄片垂直置于磁场中时，薄片两侧会产生电势，称为霍尔效应。霍尔元件就是利用霍尔效应制作的半导体器件。如图3-8所示，在电路中，霍尔元件常用图3-8（c）所示的符号表示。电路接线图如图3-9所示。

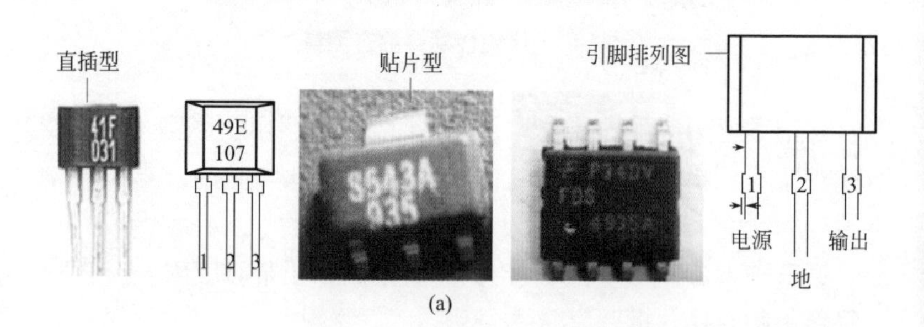

(a)

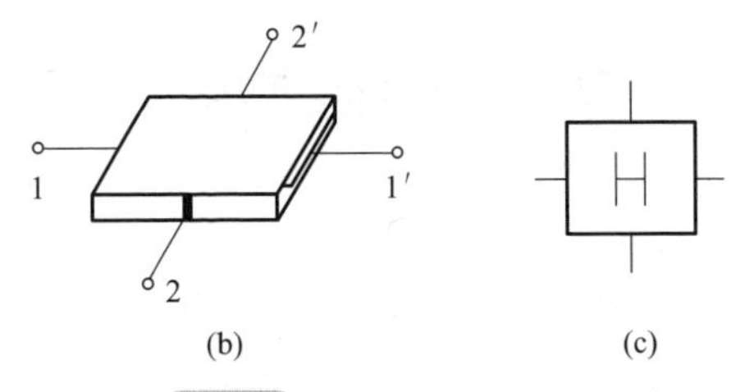

图3-8　霍尔元件的外形及符号

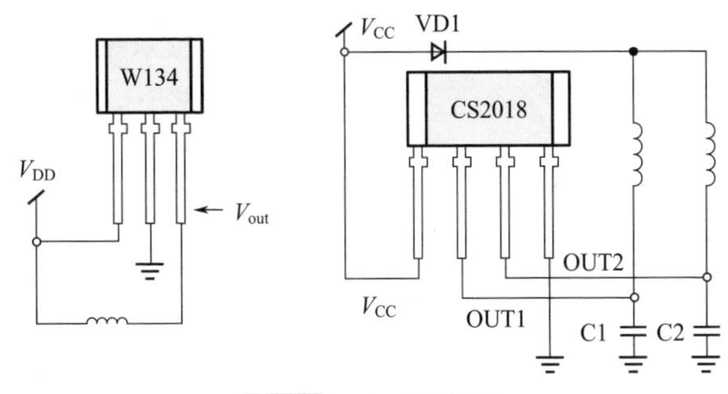

图3-9　电路接线图

2.霍尔传感器的检测

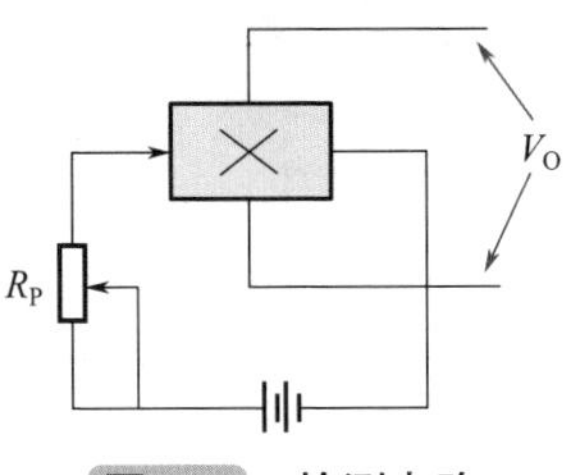

图3-10　检测电路

取三孔插座一个，①脚为5～15V电源，②脚接地，③脚接输出。把霍尔元件按①、②、③脚插接在插座上。接通电源，万用表接③、②脚，测输出电压。用磁铁一磁极靠近霍尔元件正面，观察万用表输出电压；换用另一磁极靠近霍尔元件正面，观察万用表输出电压。磁极接近霍尔元件时，若输出电压出现跳变，霍尔元件属于正常。若电压不变，万用表改接①、③脚，重复上述过程，若输出电压仍不变，说明霍尔元件损坏。电压表变化幅度越大，说明传感器性能越好（图3-10）。

五　检测气体传感器

1. 气体传感器的构成

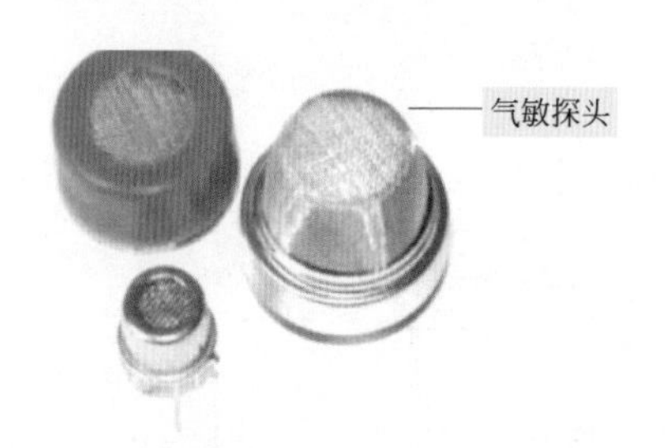

图3-11　气体传感器实物

常见的气体传感器的实物如图 3-11 所示。气体传感器由气敏电阻、不锈钢网罩（过滤器）、螺旋状加热器、塑料底座和引脚构成，如图 3-12（a）所示。气体传感器的符号如图 3-12（b）所示。其中，A-a 两个脚内部短接，是气敏电阻的一个引出端；B-b 两个脚内部短接，是气敏电阻的另一个引出端；H-h 两个脚是加热器供电端。许多资料将 H、h 脚标注为 F、f。

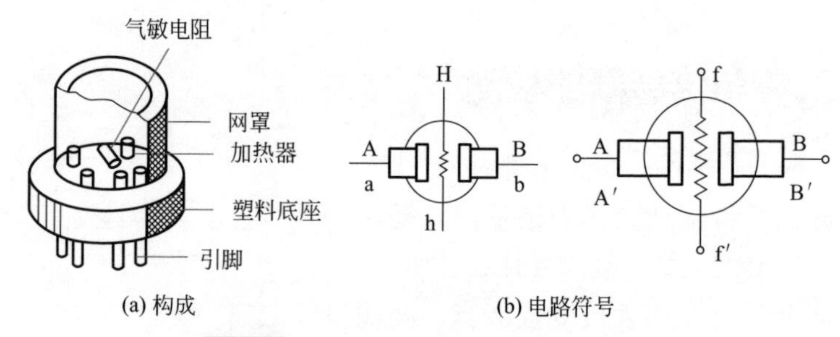

图3-12　气体传感器的构成和电路符号

当加热器得到供电后，开始为气敏电阻加热，使它的阻值急剧下降，随后进入稳定状态。进入稳定状态后，气敏电阻的阻值会随着被测气体的吸附值而发生变化。N 型气敏电阻的阻值随气体浓度的增大而减小，P 型气敏电阻的阻值随气体浓度的增大而增大。

表 3-3 给出了国产气敏元件 QN32 与 QN60 的主要参数值。

表 3-3　气敏元件的主要参数

型号	加热电流/A	回路电压/V	静态电阻/kΩ	灵敏度（R_o/R_x）	响应时间/s	恢复时间/s
QN32	0.32	≥6	10～400	>3（$H_2$0.1%中）	<30	<30
QN60	0.60	≥6	10～400	>3	<30	<30

2. 气体传感器的检测

① 加热器的检测　用万用表的 $R\times1$ 或 $R\times10$ 挡测量气体传感器加热器两个引脚间的阻值，若阻值为无穷大，说明加热器开路。

② 气敏电阻的检测　如图 3-13 所示，检测气敏电阻时最好采用两块万用表。其中，一块置于“500mA”电流挡后，将两支表笔串接在加热器的供电回路中；另一块万用表置于“10V”直流电压挡，黑表笔接地，红表笔接在气体传感器的输出端上。为气体传感器供电后，电压表的表针会反向偏转，几秒后返回到 0 的位置，然后逐渐上升到一个稳定值，电流表指示的电流在 150mA 内，说明气敏电阻已完成预热。若此时将被测气体对准气体传感器的网罩排出，电压表的数值应该发生变化；否则，说明网罩或气体传感器异常。检查网罩正常后，就可确认气体传感器内部的气敏电阻异常。

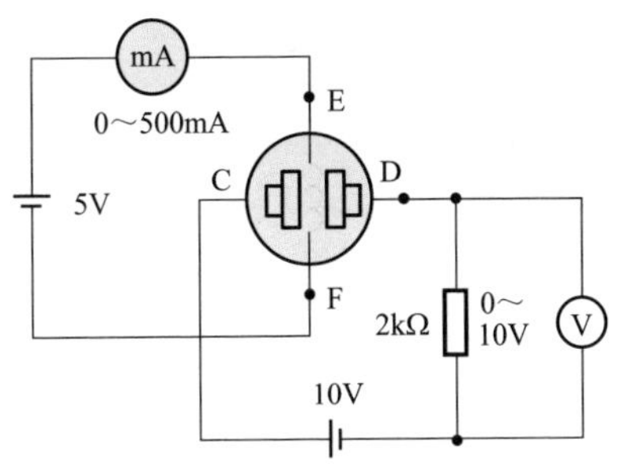

图3-13　气体传感器内气敏电阻的检测示意图

六 检测热释电红外线传感器

1. 热释电传感器的结构

采用热释电红外传感器制造的被动红外探测器，用于控制自动门、自动灯及高级光电玩具等。热释电红外传感器一般都采用差动平衡结构，由敏感元件、场效应管、高值电阻等组成，如图3-14所示。

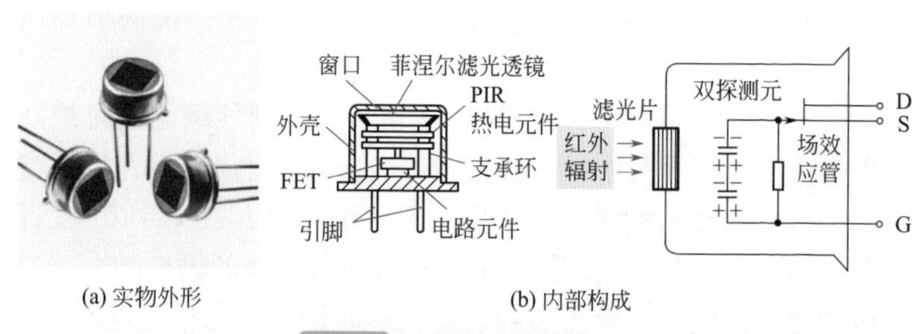

(a) 实物外形

(b) 内部构成

图3-14 热释电红外传感器

目前国内市场上常见的热释电红外传感器有上海尼赛拉公司的SD02、PH5324和德国海曼Lhi954、Lhi958以及日本的产品等，其中SD02适合防盗报警电路。

热释电红外传感器的应用中，其前级配用菲涅尔透镜，其后级采用带通放大器，放大器的中心频率一般限1Hz左右。放大器带宽对灵敏度与可靠性的影响大。带宽窄、噪声小，误测率低；带宽宽、噪声大，误测率高，但对快、慢速移动响应好。放大器信号的输出可以是电平输出、继电器输出或晶闸管输出等多种方式。

2. 热释电红外传感器的检测

检测热释电元件时，用万用表 $R\times10$ 或 $R\times100$ 挡检测 G、D、S 有无击穿和开路现象。然后给热释电元件加上工作电压，如图 3-15 所示。

先用铝板挡住接收口或使其朝向无人方向。万用表选直流低电压挡，测 S 电压，再拆掉铝挡板，此时万用表指针应摆动，则说明是好的。

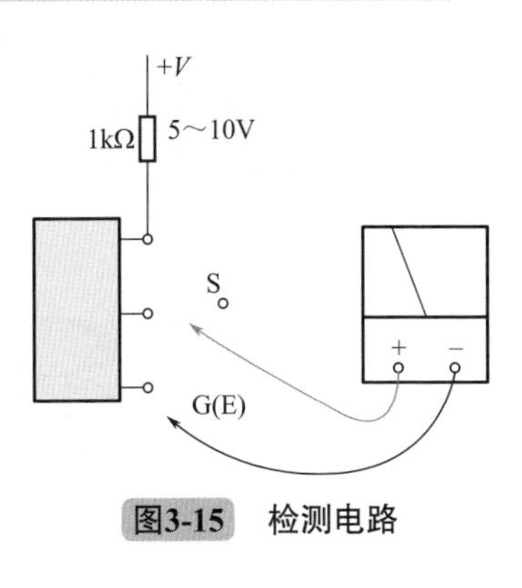

图3-15 检测电路

七 检测超声波传感器

1. 超声波传感器的结构与性能参数

超声波传感器，是近年来常用的敏感元器件之一，如可用它组装成车辆倒车防撞电路及其他检测电路。超声波传感器分为发射器和接收器，发射器将电磁振荡转换为超声波向空间发射，接收器将接收到的超声波转换为电脉冲信号。它的具体工作原理如下：当 40kHz（由于超声波传感的声压能级、灵敏度在 40kHz 时最大，所以电路一般选用 40kHz 作为传感器的使用频率）的脉冲电信号由两引线输入后，由压电陶瓷激励器和谐振片转换成为机械振动，经锥形辐射器将超声振动向外发射出去，发射出去的超声波向空中四面八方直线传播，遇有障碍物后它可以发生反射。接收器在收到由发射器传来的超声波后，使内部的谐振片谐振，通过声电转换作用，将声能转换为电脉冲信号，然后输入到信号放大器，驱动执行机构动作。如图 3-16 所示。

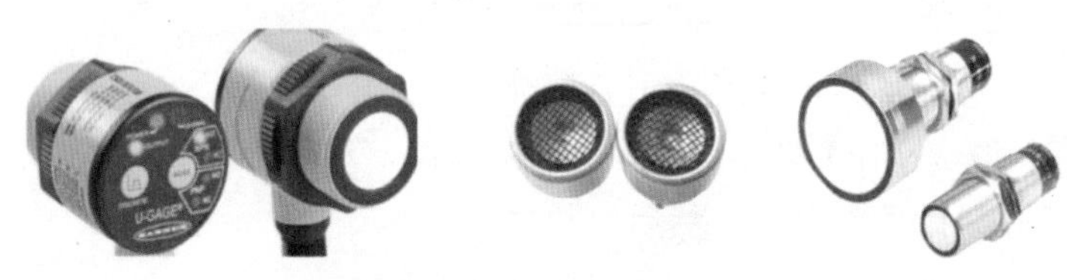

(a) 外形(不同形状的发射接收头)

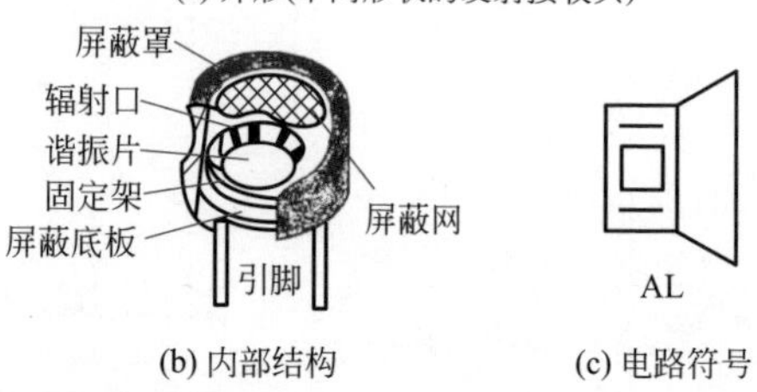

(b) 内部结构　　(c) 电路符号

图3-16　超声波传感器外形及内部结构示意图

常用的超声波传感器有 T40-××、R40-×× 系列，UCM-40T、UCM-40R 和 MA40××S、MA40××R 系列等。其中型号的第一（最后）个字母 T（S）代表发射传感器，R 代表接收传感器，它们都是成对使用的。

表 3-4 是 T/R40-×× 系列超声波传感器的电气性能参数表。表 3-5 是 UCM 型超传感器的技术性能表。

表 3-4　T/R40-×× 系列超声波传感器的电气性能参数表

型号		T/R40-12	T/R40-16	T/R40-18A	T/R40-24A
中心频率/kHz		40±			
发射声压最小电平/dB		82（40kHz）	85（40kHz）		
接收最小灵敏度/dB		−67（40kHz）	−64（40kHz）		
最小带宽	发射头	5kHz/100dB	6kHz/103dB	6kHz/100dB	6kHz/103dB
	接收头	5kHz/−75dB	6kHz/−71dB		
电容/nF		2500±25%	2400±25%		

表3-5　UCM型超传感器的技术性能表

型号	UCM-40-R	UCM-40-T
用途	接收	发射
中心频率/kHz	40	
灵敏度（40kHz）/（dBv/μb）	-65	80
带宽（36～40kHz）/（dBv/μb）	-73	96
电容/nF	1700	
绝缘电阻/MΩ	>100	
最大输出电压/V	20	
测试要求	发射头接40kHz方波发生器，接收头接测试示波器，当方波发生器输出V_{PP}=15V，发射头和接收头正对距离30cm时，示波器接收的方波电压U>500mV	

2.超声波传感器的检测

超声波传感器用万用表直接测试是没有什么反应的。要想测试超声波传感器的好坏可以搭一个振荡电路，如图3-17所示。把要检测的超声波传感器（发射和接收）接在③脚与①脚之间；调整W_1，如果传感器能发出音频声音，基本就可以确定此超声波传感器是好的。也可以按照图3-18搭建一个完整的发射接收电路，用指针式万用表测量，表针有摆动，说明发射和接收是好的。

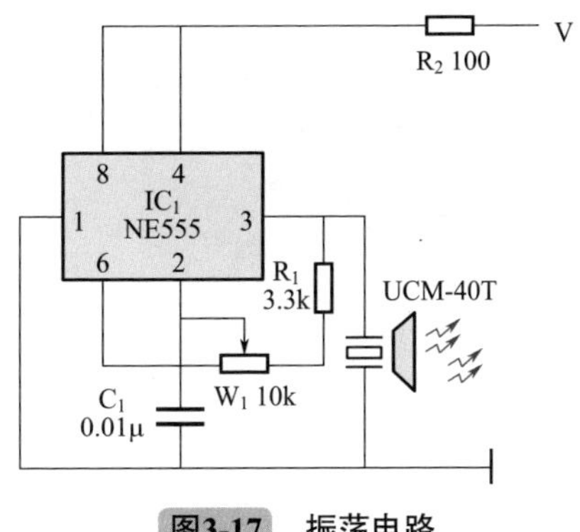

图3-17　振荡电路

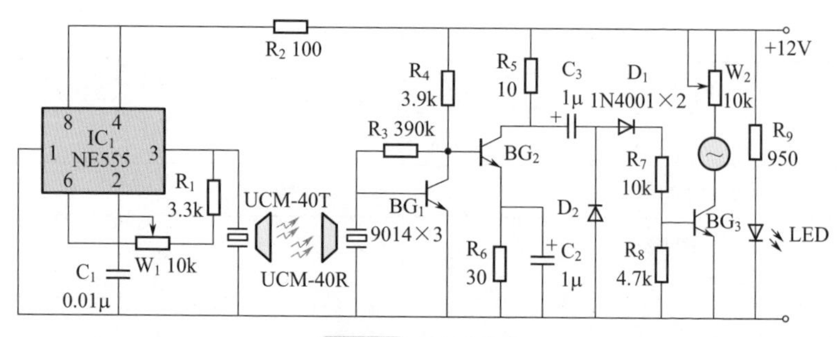

图3-18 接收电器

八 检测红外线发光、接收传感器

1. 红外线发光二极管的结构与检测

（1）结构 常见的红外线发光二极管（简称红外发光二极管）有深蓝与透明两种，外形及符号与普通发光二极管相似，如图3-19所示。

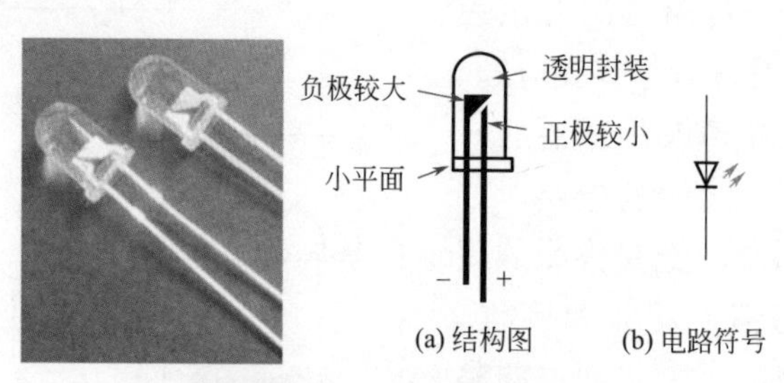

图3-19 红外线发光二极管

因红外发光二极管通常采用透明的塑料封装，所以管壳内的电极清晰可见。内部电极较宽大的为负极，较窄小的为正极。全塑封装的红外发光二极管（ϕ3mm或ϕ5mm型）其侧向呈一小平面，靠近小平面的引脚为负极，另一引脚为正极。

红外发光二极管工作在正向电压下，工作电压约 1.4V，工作电流一般小于 20mA。应用时电路中应串有限流电阻。

为了增加红外线的距离，红外发光二极管通常工作于脉冲状态。用红外发光二极管发射红外线去控制受控装置时，受控装置中均有相应的红外光 - 电转换元件，如红外接收二极管、光电三极管等。使用中通常采用红外发射和接收配对的光电二极管。

红外线发射与接收的方式有两种：其一是直射式；其二是反射式。直射式指发光管发射的光直接照射接收管；反射式指发光管和接收管并列一起，发光管发出的红外光遇到反射物时，接收管收到反射回来的红外线才工作。

（2）检测　检测红外发光二极管时采用指针式万用表与采用数字式万用表的测量方式有很大的区别：将指针式万用表置于 $R\times1\mathrm{k}$ 挡，黑表笔接正极、红表笔接负极时的电阻值（正向电阻）应在 20 ～ 40kΩ（普通发光二极管在 200kΩ 以上），黑表笔接负极、红表笔接正极时的电阻值（反射电阻）应在 500kΩ 以上（普通发光二极管接近 ∞）。要求反射电阻越大越好。反射电阻越大，说明漏电流越小，管子的质量越佳。否则，若反射电阻只有几十千欧姆，这样的管子是不能使用的。如果正、反向电阻值都是无穷大或都是零，则说明被测红外发光二极内部已经断路或已经击穿损坏。用数字万用表测量时将挡位置于二极管挡，黑表笔接负极、红表笔接正极时的压降值应为 0.96 ～ 1.56V，正向压降越小越好，即管子的起始电压低。对调表笔后屏幕显示的数字应为溢出符号“OL”或“1”。

2. 红外线接收管的结构与检测

红外线接收管（红外接收管）是用来接收红外发光二极管产生的红外线光波，并将其转换为电信号的一种半导体器件。为减少可见光对其工作产生的干扰，红外线接收管通常采用黑色树脂封装（外观颜色呈黑色），以滤掉 700nm 以下波长的光线。常见的红外线接收管外形及电路符号如图 3-20 所示。

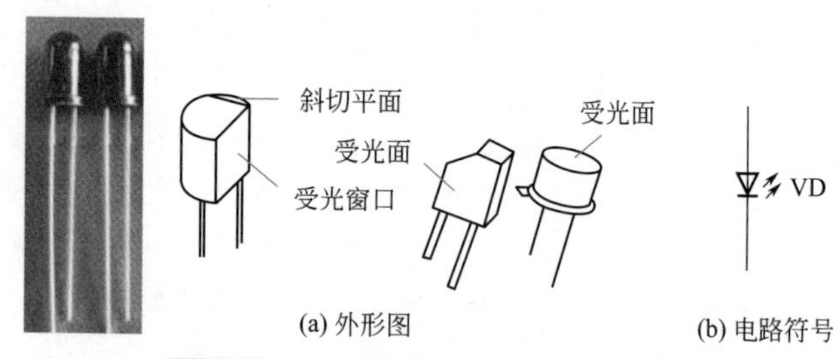

图3-20　红外线接收管外形及电路符号

需要识别红外线接收管的引脚时，可以面对受光面观察，从左至右分别为正极和负极。另外，在红外线接收管的管体顶端有一个小斜切平面。通常带有此斜切平面一端的引脚为负极，另一端为正极。

（1）指针万用表检测好坏

① 判断电极　具体检测方法与检测普通二极管正、反向电阻的方法相同。通常，用万用表 $R\times1\text{k}$ 挡进行测量，正常时，红外接收管的正向电阻为 3 ～ 4kΩ，反向电阻应大于 500kΩ。如阻值很小或正、反均不通为坏。

② 检测受光能力　将万用表置于直流 50μA 挡（若所用万用表无 50μA 挡，也可用 0.1mA 或 1mA 挡），两表笔接在红外接收管的两引脚上，然后让被测管的受光面正对着太阳或灯泡，此时，万用表指针应有摆动现象。根据红黑表笔的接法不同，万用表指针的摆动方向也有所不同。当红表笔接正极，黑表笔接负极，指针向右摆动，幅度越大则表明被测红外接收管的性能越好；反之，指针向左摆动。如果接上表笔后，万用表指针不动，则说明管子性能不良或已经损坏。

除上述方法外，还可用遥控器配合万用表来完成。将万用表置于 $R\times1\text{k}$ 挡，红表笔接被测红外接收管的正极，黑表笔接负极。用一个好的彩电遥控器正对着红外接收管的受光窗口，距离为

5 ～ 10mm。当按下遥控器上的按键时，若红外接收管性能良好，阻值减小，被测管子的灵敏度越高，阻值会越小。用这种方法挑选性能优良的红外接收管十分方便，且准确可靠。

（2）数字万用表检测红外线接收管　将挡位置于二极管挡，黑表笔接负极、红表笔接正极时的压降值应为 0.45 ～ 0.65V，对调表笔后屏幕显示的数字应为溢出符号“OL”或“1”。

3. 红外线接收头的结构与检测

红外线接收头是一种红外线接收电路模块，通常由红外接收管与放大电路组成，放大电路通常又由一个集成块及若干电阻、电容等元件组成（包括放大、选频、解调几大部分电路），然后封装在一个电路模块（屏蔽盒）中，虽然电路比较复杂，但体积仅与一只中功率三极管相当。

红外线接收头具有体积小、密封性好、灵敏度高、价格低廉等优点，因此被广泛应用在各种控制电路以及家用电器中。它仅有三条引脚，分别是电源正极、电源负极（接地端）以及信号输出端，其工作电压在 5V 左右，只要给它接上电源即是一个完整的红外线接收放大器，使用十分方便。常见的红外线接收头外形与引脚排列如图 3-21 所示。

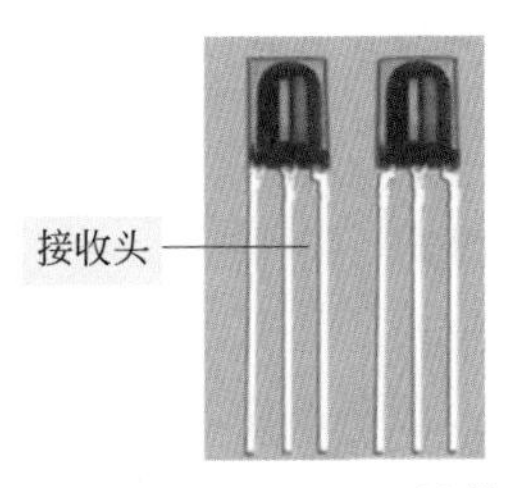

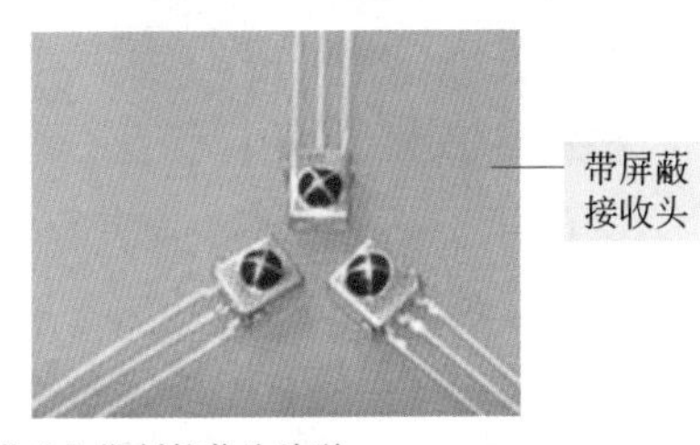

(a) 铁封接收头与塑封接收头外形

图3-21

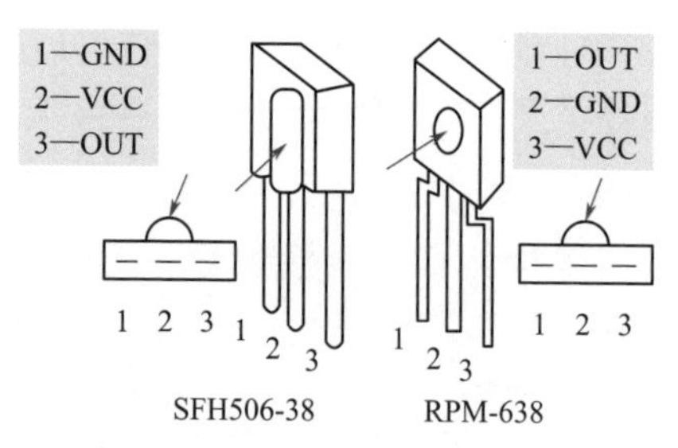

(b) 常用两种型号塑封接收头引脚排列

图3-21　红外线接收头外形与引脚排列

红外线接收头的检测方法同接收管。用遥控器检测法，检测时需给接收头加 5V 电压，如图 3-22 所示，将接收头插入控制插脚。用万用表测输出脚电压，按动遥控器，表针应有大幅度摆动，如摆动幅度太小，则特性不良。遥控器与红外线接收头检测可扫二维码学习。

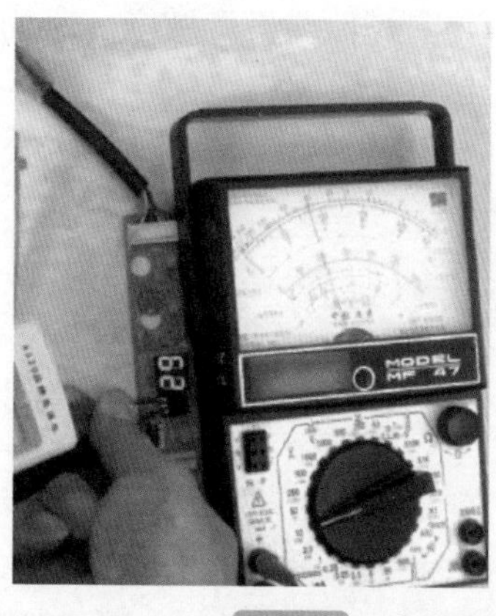

必须用指针表，按动遥控器时，接收头输出端电压会有变化(表针抖动，幅度越大越好)

遥控器与红外线接收头的检测

图3-22　在电路中直接测量

九　检测温度传感器

温度传感器目前应用的主要为热敏电阻传感器和热电偶传感

器。这里主要讲解热敏电阻传感器检测。

1.负温度系数热敏电阻器的主要参数

负温度系数热敏电阻器（NTC）的电阻值随温度升高而降低，具有灵敏度高、体积小、反应速度快、使用方便的特点。NTC 具有多种封装形式，能够很方便地应用到各种电路中。NTC 的外形、结构、图形符号及特性曲线如图 3-23 所示。

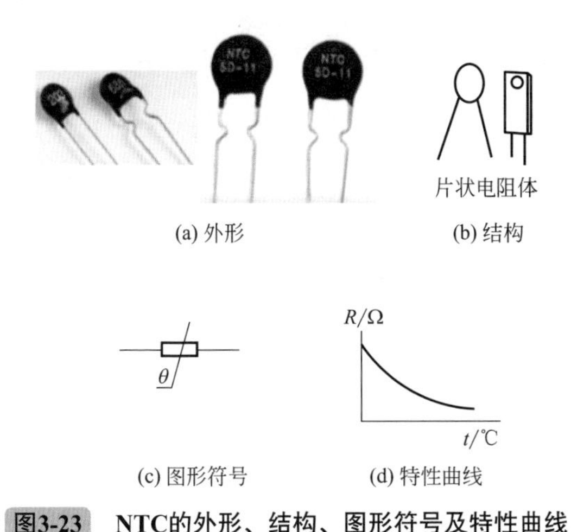

图3-23　NTC的外形、结构、图形符号及特性曲线

① 标称电阻值 R_t。标称电阻值也称零功率电阻值，是指在环境温度 25℃下的阻值，即器件上所标阻值。

② 额定功率。热敏电阻器在规定的技术条件下，长期连续负荷所允许的消耗功率称为额定功率。通常所给出的额定功率值是指 25℃时的额定功率。

③ 时间常数。时间常数是指热敏电阻器在无功功率状态下，当环境温度突变时，电阻体温度由初值变化到最终温度之差的 63.2% 所需的时间，也称热惰性。

④ 耗散系数。耗散系数是指热敏电阻器温度每增加 1℃所耗散的功率。

⑤ 稳压范围。稳压范围是指稳压型 NTC 能起稳压作用的工作电压范围。

⑥ 电阻温度系数 α_t。电阻温度系数表示零功率条件下温度每变化 1℃所引起电阻值的相对变化量，单位是 %/℃。

⑦ 测量功率。测量功率是指在规定的环境温度下，电阻体受测量电源的加热而引起的电阻值变化不超过 0.1% 时所消耗的功率。其用途在于统一测试标准和作为设计测试仪表的依据。

2. 负温度系数热敏电阻器的检测

用指针式万用表测量 NTC 热敏电阻器的方法与测量普通固定电阻器的方法相同，即首先测出标称值（由于受温度的影响，阻值含有一定差别）。应在环境温度接近 25℃时进行，以保证测试的精度。测试时，不要用手捏住热敏电阻体，以防止人体温度对测试产生影响（图 3-24）。

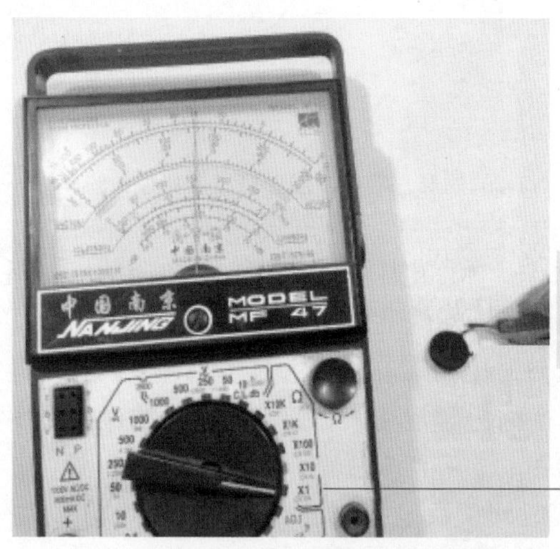

图3-24　测量NTC

在室温下测得 R_{t1} 后用电烙铁作热源，靠近热敏电阻器测出电阻值 R_{t2}，阻值应由大向小变化，变化很大，如不变则为损坏（图

3-25）。用数字式万用表测量如图 3-26 ～图 3-28 所示。

图3-25　加温测量

图3-26　选择合适的挡位

图3-27　测常温值

图3-28 加热测量

检测压电陶瓷片（蜂鸣器）

压电陶瓷片是一种电子发音元件，在两片铜制圆形电极中间放入压电陶瓷介质材料，当在两片电极上面接通交流音频信号时，压电片会根据信号的不同频率发生振动而产生相应的声音。压电陶瓷片由于结构简单，造价低廉，被广泛地应用于电子电器方面，如玩具、电子仪器、电子钟表、定时器等。

目前应用的压电陶瓷片有裸露式和密封式两种。裸露式压电陶瓷片的外形和图形符号如图 3-5 所示，在电路中通常用字母“B”表示。密封式压电陶瓷片的外形和图形符号如图 3-29 所示，在电路中通常用字母“BX”和“BUZ”表示。

(a) 外形

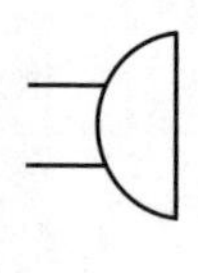

(b) 图形符号

图3-29 密封式压电陶瓷片的外形、图形符号

压电陶瓷片的检测方法见本章“三、检测压电传感器”。

十一　检测耳机

1. 耳机的符号

耳机是常用的电声转换器件，其特点是体积小、重量轻、灵敏度高、音质好和音量较小，主要用于个人聆听。耳机可分为头戴式耳机、耳塞机、单声道耳机、立体声耳机等，如图3-30（a）所示。耳机的文字符号是“BE”，图形符号如图3-30（b）所示。

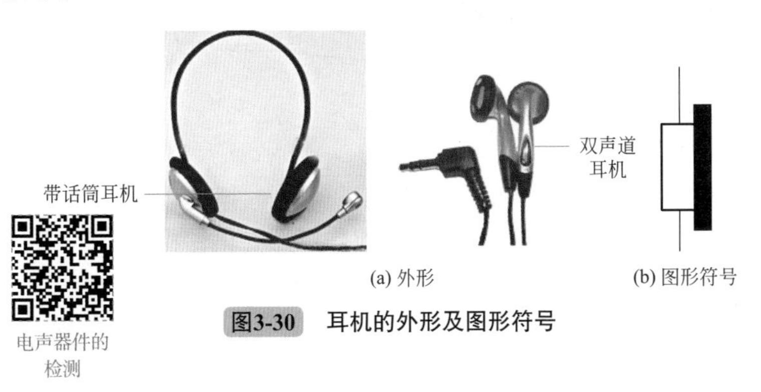

图3-30　耳机的外形及图形符号

2. 耳机的检测

耳机好坏的判断方法和扬声器基本相同，将万用表置于 $R\times1$ 挡，红表笔接插头的接地端，用黑表笔点击信号端，若耳机能够发出“咔咔”的声音，说明耳机正常；否则说明耳机的音圈、引线或插头开路，如图3-31所示。

对于立体声耳机，应分别对每一声道的耳机单元进行检测。

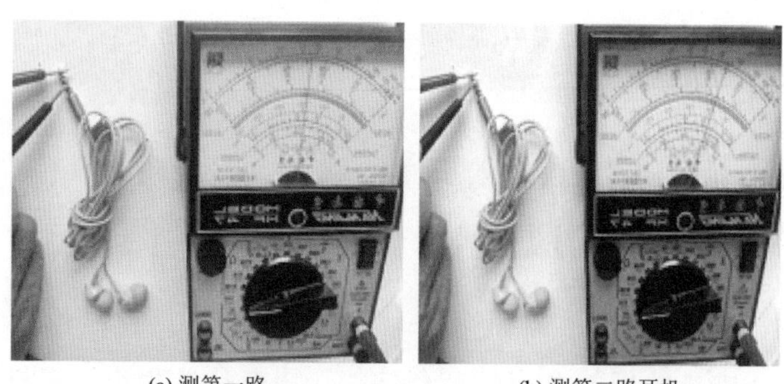

(a) 测第一路　　(b) 测第二路耳机

图3-31　检测耳机好坏的示意图

十二　检测传声器

1. 传声器的种类

传声器（俗称话筒，又称麦克风）是一种将声音信号转换成相应电信号的声能转换器件。以前传声器在电路中用“S”“M”或“MIC”表示，现在多用“B”或“BM”表示。

传声器的种类很多，按换能原理可分为电动式（动圈式、铝带式）、电容式（直流极化式）、压电式（晶体式、陶瓷式）以及电磁式、碳粒式、半导体式等多种；按声场作用力分为压强式、压差式、组合式、线列式等；按电信号的传输方式分为有线式和无线式；按用途分为测量传声器、人声传声器、乐器传声器、录音传声器等；按指向分为心型、锐心型、超心型、双向（8字型）、无指向（全向型）。

2. 传声器的检测

（1）动圈式传声器的检测　检测动圈式传声器时，将万用表

置于 $R\times1$ 挡，两表笔（不分正、负）断续触碰传声器的两引出端（设有控制开关的传声器应先打开开关），如图 3-32 所示。传声器中应发出清脆的“喀喀……”声，如果无声，说明该传声器已损坏；如果声小或不清晰，说明该传声器质量较差。

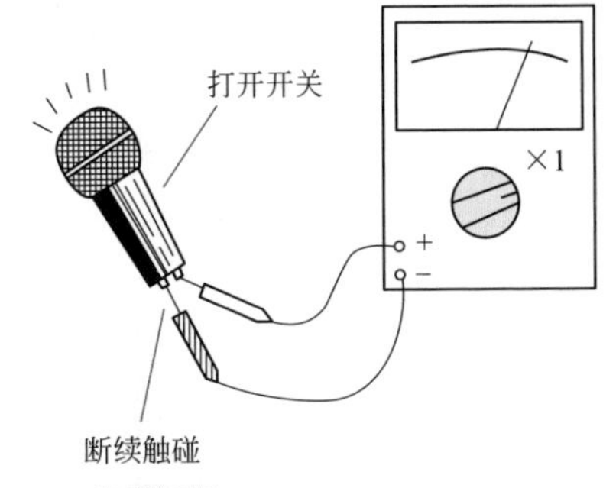

图3-32　检测动圈式传声器

还可进一步测量动圈式传声器输出端的电阻值（实际上就是传声器内部输出变压器的二次侧电阻值）。将万用表置于 $R\times1$ 挡，两表笔（不分正、负）与传声器的两引出端相接，低阻传声器应为 50 ～ 200Ω，高阻传声器应为 500 ～ 2000Ω。如果相差太大，说明该传声器质量有问题。

（2）驻极体传声器的检测

① 极性判别。驻极体传声器由声电转换系统和场效应管两部分组成。由于其内部场效应管有两种接法，所以在使用驻极体传声器之前首先要对其进行极性的判别。

由于在场效应管的栅极与源极之间接有一只二极管，因而可利用二极管的正反向电阻特性来判别驻极体传声器的漏极 D 和源极 S。其方法是：将万用表拨至 $R\times1\text{k}$ 挡，黑表笔接任一极，红表笔接另一极。再对调两表笔测试，比较两次测量结果，阻值较小时，黑表笔接的是源极，红表笔接的是漏极。

② 好坏判别。检测驻极体传声器时，将万用表置于 $R\times1\text{k}$ 挡。对于两端式驻极体传声器，万用表黑表笔（表内电池正极）接传声器 D 端，红表笔（表内电池负极）接传声器的接地端，如图 3-33 所示。这时用嘴向传声器吹气，万用表指针应有摆动。指针摆动范围越大，说明该传声器灵敏度越高。如果指针无摆动，说明该传声器已损坏。

对于三端式驻极体传声器，万用表黑表笔（表内电池正极）接传声器的 D 端，红表笔（表内电池负极）接传声器的 S 端和接地端（见图 3-34），然后按相关方法吹气检测。

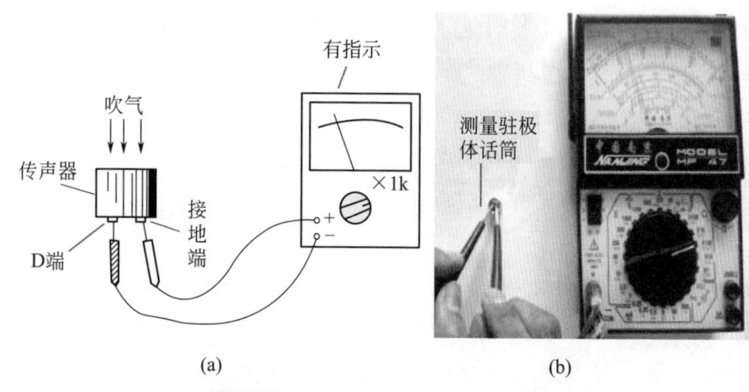

图3-33　检测两端式驻极体传声器

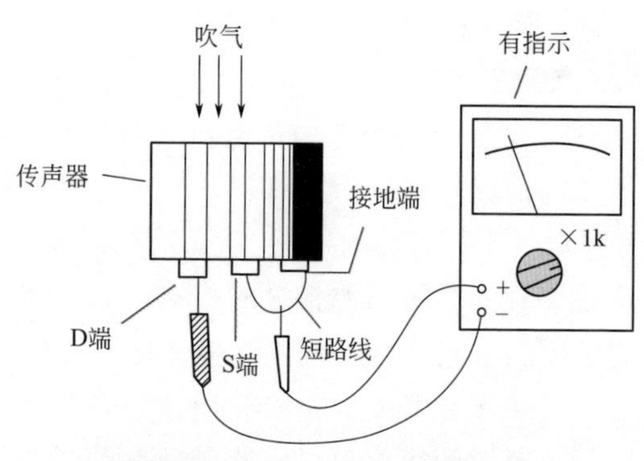

图3-34　检测三端式驻极体传声器

十三　检测电池

1. 普通电池的检测

目前，只有少数数字式万用表具有测试电池放电电流的功能。

如 DT9205B 型数字式万用表，用其电池测试挡可测量 1.5V 干电池和 9V 叠层电池在额定负载下的放电电流，从而迅速判定电池质量的好坏。因为此时测出的是电池额定工作电流，这比测量电池空载电压更具有实际意义（由于空载电压不能反映电池的带负载能力，所以仅凭测量空载电压，有时不仅不能鉴别电池质量的优劣，还容易出现误判）。

对于没有设置电池测试挡的数字式万用表，可采用下面的方法检测电池的负载电流。检测电路如图 3-35 所示。将数字式万用表置于直流 200mA 挡，此时数字式万用表的输入电阻 R_{IN}=1Ω（即直流 200mA 挡的分流电阻为 1Ω），检测 1.5V 电池负载电流时，按图 3-35（a）所示电路连接。在数字式万用表的红表笔上串入一只限流电阻 R_1（36Ω），然后接被测电池两端。此时负载电阻 $R_L=R_1+R_{IN}=36+1=37$（Ω），电池的内阻 $R_0 \approx 0$，则负载电流

$$I_L=E/（R_1+R_{IN}）=1.5/（36+1）=0.0405（A）\approx 41（mA）$$

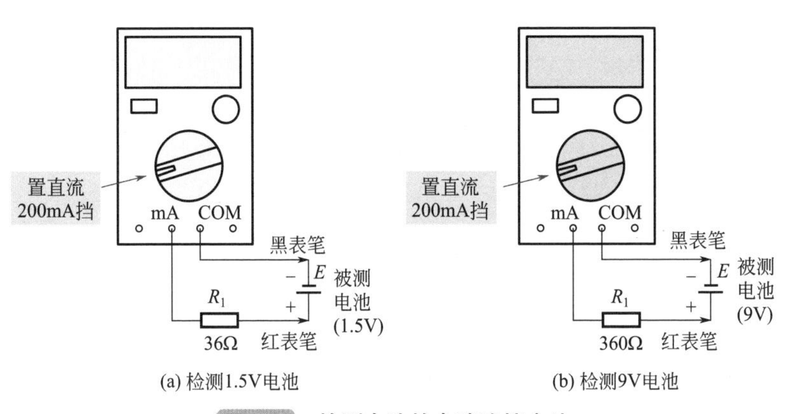

(a) 检测1.5V电池　　(b) 检测9V电池

图3-35　检测电池的电路连接方法

检测 9V 叠层电池负载电流时，按图 3-35（b）所示连接电路，在数字万用表红表笔上串入一支 360Ω 限流电阻，然后接被测电池两端。忽略被测电池的内阻 R_0，此时负载电流

$I_L=E/(R_1+R_{IN})=9/(360+1)=0.0249(A)\approx25(mA)$

对新电池而言，通常其内阻R_0很小，可以忽略不计。但是，当电池使用或存放过久，电池电量不足时，会导致E下降，内阻R_0增加，使得负载电流I_L下降，据此可以迅速判定被测电池是否失效。另外，上述方法也可用来检查评估某些其他规格型号的电池。

表3-6列出了几种常见电池在额定负载下的标准电流值，供读者测试时参考。

表3-6 常见电池在额定负载下的标准电流值

电池测试功能		被测电池	测试电流/mA
1.5V电池测试电路	负载电阻37Ω	1.5V电池	41
		3V大纽扣电池（估测）	81
9V叠层电池测试电路	负载电阻361Ω	6V叠层电池（估测）	17
		9V叠层电池	25
		15V叠层电池（估测）	42

正常情况下，被测电池的负载电流应接近或符合表3-6中数值。若数字万用表显示的电流值明显低于正常值，则说明被测电池电量不足或失效。

2. 小型蓄电池的检测

（1）小型密封蓄电池的结构性能特点及参数 小型密封铅蓄电池外形一般为长方体，如图3-36（a）所示，其内部结构如图3-36（b）所示，由正、负极板群，非游离状态的电解液——硫酸，隔板，电池槽，槽盖等部分组成。

蓄电池的额定容量与额定电压制造厂家都会标明在电池槽上，新蓄电池每单格的开路电压为2.15V左右，但存储期超过半年后，容量会下降。蓄电池经3～5年使用后，容量会下降 10% ~ 20%，为了保持蓄电池的容量，新电池存储时间过长、初次使用之前以及在用电池放电之后都必须及时充电，补充容量。

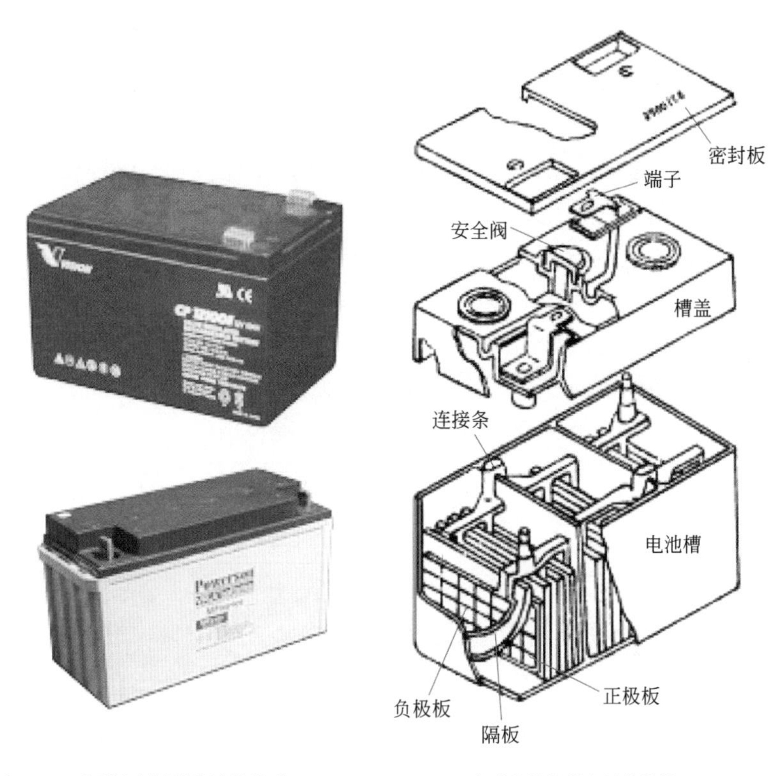

(a) 小型密封铅蓄电池的外形　　(b) 小型密封铅蓄电池的结构图

图3-36　小型密封铅蓄电池的外形和结构图

（2）小型密封铅蓄电池维护检修　小型密封铅蓄电池维护主要是补充电能，宜以恒压充电。充电的初期，电流较大，随充电时间增加，蓄电池电压上升，充电电流下降。补充电能的方式有以下两种：

① 作为 UPS 等设备的备用电源的浮充电或涓流充电。这种

充电方式的特点是蓄电池应急放电后，当外电路恢复供电时，立即自动转入充电，并以小电流持续充电直至下一次放电。充电电压取 2.25 ～ 2.30V/ 单格，或由制造厂规定，充电初期电流一般在 0.3*C*A 以下（*C* 为额定容量的数值）。

② 作为充放电循环使用时的补充电能。这是指用于手提照明灯、音像设备等便携型电器上的密封铅蓄电池，应在最多放出额定容量的 60% 时停止放电，并立即补充电能。充电电压取 2.40 ～ 2.50V，或由制造厂规定。充电初期电流一般在 0.3*C*A 以下。为了防止过充电，应尽可能安装定时或自动转入涓流充电方式。当充电电流稳定 3h 不变时，可认为蓄电池已充足电。所需补充电能的电量约为放出电量的 1.2 ～ 1.3 倍。

蓄电池常见故障是内部电极开路或击穿，以及极桩端子损坏：

① 内部电极开路或击穿，开路时无充电电流或很小，击穿时充电电流大，会烧断充电器的保险，需要更换新电池。

② 极桩端子损坏：因长时间工作有漏液现象时，会损坏极桩端子，检修时可用大功率烙铁加锡焊接。

十四 检测遥控器

用万用表检测：应用指针表检测，打开遥控器电池盖板，用万用表直流 50mA 挡与遥控器的电池串接（注意表笔极性），按下遥控器任意键，正常时能看到万用表指针随按键接通而来回晃动。

另外，可以用能拍照的手机来判断遥控器的好坏——可以用它看到遥控器红外线的发出光。打开数码照相机或者能拍照的手机，调为摄像或者拍照状态，镜头对准遥控器的发射二极管（遥控器的头顶部，有小灯的地方），此时按下遥控器任意键，就能从数码照相机的屏幕里看到发射二极管会亮，说明有红外线发出，该遥控器基本上是正常的。如果没有反应，该遥控器可能坏了，可以检查电池/电池架的弹簧接触，或者重新安装电池。

十五 万用表测量逻辑电平

目前只有少数几种数字式万用表（例如DT970）增设了逻辑电平测试挡（LOGIC），而很多数字式万用表（例如DT830、DT890、DT930F和DT1000等）都不具备逻辑电平测试功能。

实验证明，利用无逻辑电平测试功能的数字式万用表的直流2V挡也可以测量TTL、CMOS数字集成电路的逻辑电平。

经实测可知，TTL电路的逻辑0（即低电平）通常为0.2V（不高于0.4V），而逻辑1（即高电平）通常为3.3V（不低于2.4V）；CMOS电路的低电平近似等于V_{SS}（电源电压负端），高电平则近似等于V_{DD}（电源电压正端），一般不会超过18V。当测量逻辑1（高电平）时，虽然数字式万用表直流2V挡工作在超量程状态，但由于数字式万用表过载能力强（以DT830型数字式万用表为例，其直流2V挡最大允许输入电压为1000V），所以直流2V挡测量逻辑电平不会将仪表损坏。用数字式万用表的直流2V挡测量逻辑电平，即设定了逻辑阈值电压为2V。

具体测量的电路连接方法如图3-37所示。测试中，若数字万用表在最高位显示溢出符号“1”即为高电平（说明被测电压大于等于2V），其余情况则为低电平（被测电压小于2V）。当然，若数字式万用表红表笔接测量端后，LCD显示的最末位或最末两位只是跳数（与表笔悬空时显示一样），则说明被测IC输出端正处于高阻值状态。一般情况下，在测量中不用考虑电平的具体数值，这种测量方法的基本功能等同于普通的逻辑测试笔。

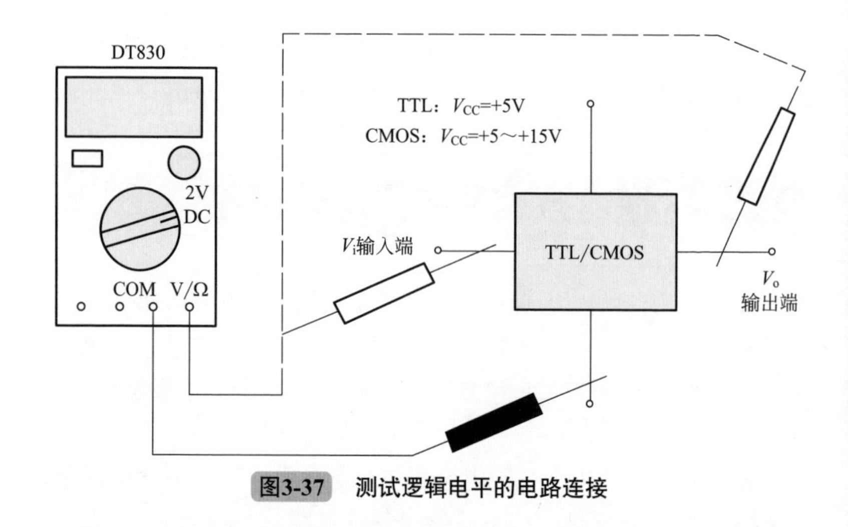

图3-37 测试逻辑电平的电路连接

十六 万用表用作信号源

检修或调试电子设备时，常常需要某种信号源，对于一般电子爱好者来说，通常是没有专用信号发生器的，这常给电子实践活动带来不便。实验表明，对数字式万用表稍加改动，即能输出几十赫兹、几千赫兹和几十千赫兹三种方波信号。此外，有的数字式万用表的电容挡还可提供 400Hz 正弦波信号或者 200Hz 矩形波信号。将数字万用表兼作信号源，用来检修或调试电子设备，使用起来非常方便。

1. 数字万用表中的信号源

表 3-7 列出 6 种 $3^1/_2$ 位数字式万用表可提供的信号源。这些信号大致可分成两类：第一类是方波信号，例如在 DT890A 型数字式万用表中的 40kHz 时钟信号、50Hz 背电极信号和 2kHz 蜂鸣器信号均为占空比是 50% 的方波信号，表中未注明的均是方波信号，

且频率值都为近似值；第二类是其他波形信号，例如 DT890C+ 型数字式万用表采用容抗法测电容量，其中的文氏桥振荡器可输出 400Hz 正弦波信号。每种信号源的输出幅度与仪表型号、单元电路结构以及电池电压等因素有关。

表 3-7　常见数字万用表电路中可提供的信号源

数字万用表型号	时钟信号f_0	背电极信号f_{BP}	蜂鸣器信号f_{BZ}	电容挡信号f_C
DT830	40kHz	50Hz	2.2kHz	—
DT830A	48kHz	60Hz	2.7kHz	—
DT830C	48kHz	60Hz	2kHz	—
DT890A	40kHz	50Hz	2kHz	200Hz（矩形波）
DT890C+	48kHz	60Hz	5kHz	400Hz（正弦波）
DT940C	48kHz	60Hz	1kHz	400Hz（正弦波）

2. 应用举例

（1）从 DT890C+ 型数字万用表取出信号源的方法　DT890C+ 型数字万用表使用 TSC7106 型 $3^1/_2$ 位 A/D 转换器，由 TSC7106 型 A/D 转换器为核心构成的振荡电路及相关引脚对 TEST 端的波形如图 3-38 所示。TSC7106 的㊵脚为振荡 1（OSC_1）端，㊴脚为振荡 2（OSC_2）端，㊳脚为振荡 3（OSC_3）端。该集成电路内部的反相器 F_1、F_2 和阻容元件 R_4、C_3 构成时钟振荡器，它是一种两级反相式阻容振荡器。在初始时刻（t=0）时，电容器 C_3 经电阻 R_4 放电，然后电源又以 V+ —C_3—R_4—V− 的途径对 C_3 进行充电，随着 C_3 周期性的充、放电，便形成了振荡。设其振荡周期为 T_0，时钟频率为 f_0，则有公式

$$T_0=2.2R_4C_3$$

$$f_0=\frac{0.455}{R_4C_3}$$

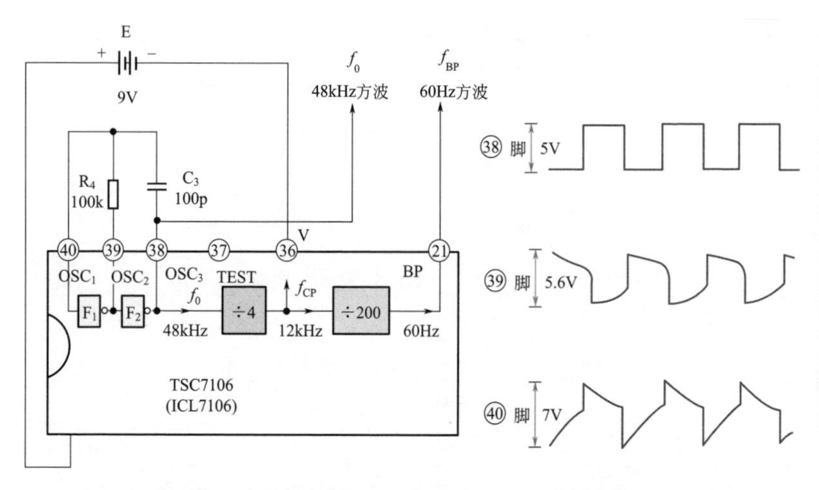

(a) 7106型A/D转换器振荡电路　　　(b) 相关引脚电压波形

图3-38　7106型A/D转换器振荡电路及相关引脚电压波形

实际上，由于电路中反相器参数以及外围阻容器件参数的差异，上述公式只是估算公式，实际应用中是以实测的频率值为准的。

将 R_4=100kΩ、C_3=100pF 代入式，经计算得到 f_0=45.5kHz，可近似取作 48kHz，据此可算出仪表测量速率为 48kHz/16000（每个 A/D 转换周期约为 4000TCD，约折合 16000T0）=3 次 /s。

TSC7106 的㊳脚（OSC_3）输出的是不失真对称方波，将此信号用导线取出，并以 TEST 端作公共地，即可作为 48kHz 的信号源全长。

（2）取出 60Hz 信号　由图 3-38 可见，48kHz 的时钟频率经过 4 分频后得到 12kHz 的计算频率 f_{CP}，再经过 200 分频，获得 60Hz 方波信号，并从 TSC7106 第㉑脚（背电极）输出。此信号为 LCD 的背电极信号 f_{BP}，相对 TEST 电位而言，其幅度约为 5V 左右。

60Hz 信号还有另外一种取出方法，即把数字万用表拨至电阻挡，两支表笔开路，这时仪表溢出，TSC7106 的第⑲脚（AB4）

输出方波驱动信号，VAB4 与 VBP 二者合成波形的幅度为 10V，加在千位笔段 b、c 上，使之显示出来。因此，TSC7106 的第㉑脚与⑲脚均可输出 60Hz/10V 的方波信号。

（3）取出 5kHz 信号　如图 3-39 所示，DT890C+ 型数字式万用表的电压蜂鸣器装在电源开关（S_1）与 IC_5（CD4011）之间，其直径为 20mm。将仪表置于蜂鸣器挡，从 BZ 两个焊点处可引出频率为 5kHz、幅度约 20V 的方波信号。也可从蜂鸣器的一端与数字地（TEST）引出信号，此时方波信号的幅度约为 10V。

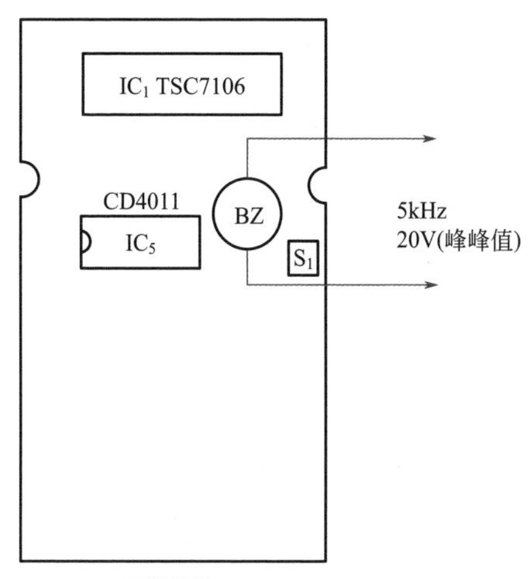

图3-39　取出5kHz信号

（4）取出 400Hz 信号　DT890C+ 采用容抗法测量电容量，它利用 TL062 中的运放 IC_{2a} 以及 R_{11}、C_8、R_{12} 和 C_9 组成文氏桥振荡器，产生 400Hz 的正弦波信号。如图 3-40 所示，TL062 位于印制板的右下角（以元件面为准），从其第⑦脚可引出 400Hz 正弦波，并以 COM 为信号地，这一点与用数字地有区别。

3. 从DT930F型数字万用表取出信号源的方法

经试验，DT930F 型 $4^1/_2$ 位数字式万用表电容挡（CAP）可兼作信号发生器，用以提供400Hz的音频测试信号。

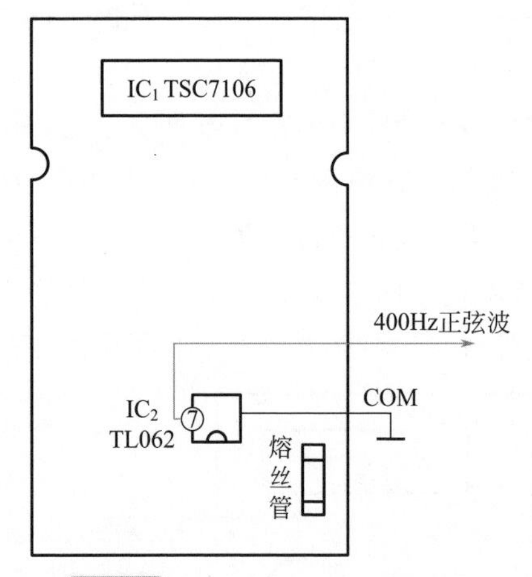

图3-40 取出400Hz正弦波信号

DT930F型数字式万用表电容挡相关电路如图3-41所示。它以两片低功耗双运算放大器LM358为核心构成。IC_{6a}与R_{15}、C_{14}、R_{16}、C_{13}组成文氏桥振荡器，产生400Hz正弦波信号。IC_{6b}为缓冲放大器，RP_3是电容挡校准电位器。IC_{2b}是电压放大器，R_{48}、R_{49}、R_{50}、R_{51}及R_{53}是反馈电阻。IC_{2a}与R_{11}、R_{21}、R_{22}、C_{11}、C_{12}组成二阶有源滤波器，中心频率f_0=400Hz，使IC_{2a}输出为400Hz正弦波，经AC/DC转换器，滤波后得到平均值电压V_0，再送到A/D转换器进行处理，这就是DT930F型数字万用表电容挡输出信号的基本工作原理。

实际取出信号的具体接线如图3-41（b）所示，它可作400Hz的音频信号源使用。这种信号源的优点是不怕负载短路，并能根据数字式万用表所显示的电容量来粗略判断被测电路的输入阻抗。判断方法是：

① 用20μF挡作信号源时，若被测电路的输入电容为C_1或略小于C_1（10μF），则说明被测电路的输入端存在严重漏电或短路故障。

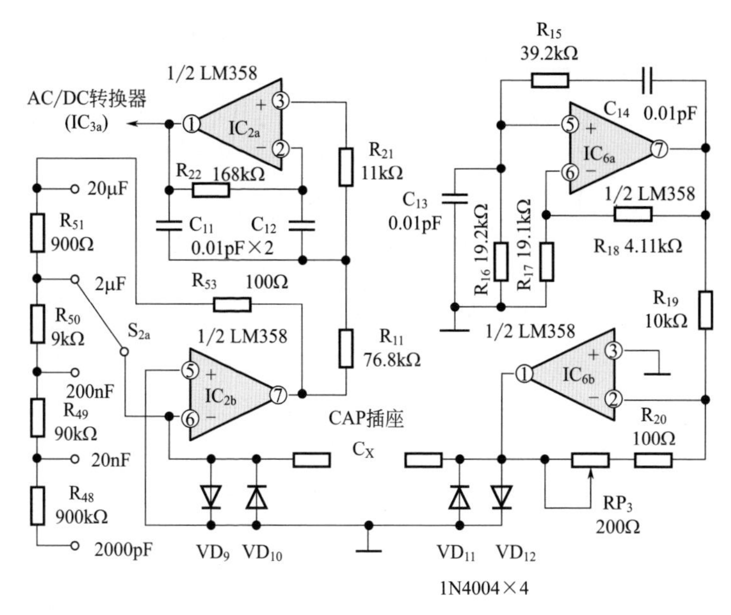

(a) DT930F电容挡相关电路

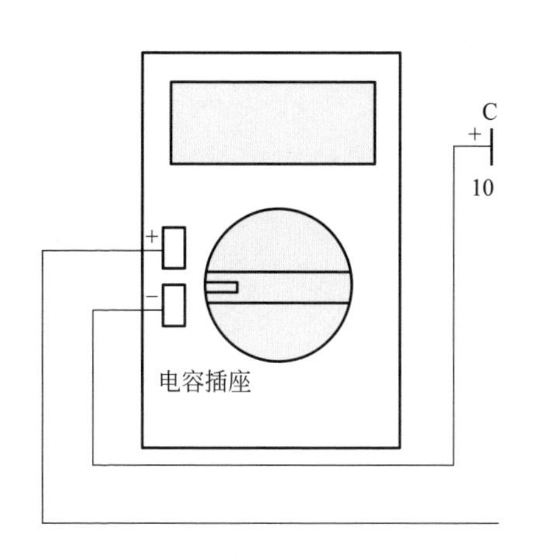

(b) 取出400Hz信号源

图3-41　DT930F型数字万用表电容挡相关电路与取出400Hz信号的接线图

② 用2000pF挡信号源时，若测得的电容等于空载电容即引线分布电容C_0或略大于C_0（一般为几皮法至十几皮法）时，则说明被检测电路输入端有断路性故障。

③ 通常用电容挡作信号源时，测得的电容量越小，说明输入阻抗越大；反之，则说明输入阻抗越小，经对测量结果进行比较，即可判断被测电路输入端有无异常现象。

以上方法也适合于DT890B、DT1000等型号的数字式万用表。

说明 从数字式万用表相关电路中取出的信号源，其带负载能力很差，必须加一级缓冲器进行隔离，以免影响仪表的正常工作，缓冲器可选用CD4069或由晶体管构成的射极跟随器。若嫌取出的信号幅度较低（例如400Hz正弦波信号），可增加一级放大器，将信号幅度适当地提高，以满足使用要求。

第四章

万用表检测低压电器

一　刀开头

1.刀开关的用途

刀开关是一种结构简单的手动控制的低压电器，是低压电力拖动系统和电气控制系统中最常用的电气元件之一，普遍用于电源隔离，也可用于直接控制接通和断开小规模的负载如小电流供电电路，控制小容量电动机的启动和停止。刀开关和熔断器组合使用是电力拖动控制线路中最常见的一种结合。刀开关由操作手柄、动触点、静触点、进线端、出线端、绝缘底板和胶盖组成。

常见外形如图 4-1 所示。

图4-1　刀开关实物

2. 刀开关的检测

检测刀开关时主要看刀开关触点处应无烧损现象，用手扳动弹片应有一定弹力，刀与接口应良好。否则应更换刀开关。

二 各种按钮开关

1. 按钮开关的用途

按钮开关是一种用来短时间接通或断开小电流电路的手动主令电器。由于按钮开关的触点允许通过的电流较小，一般不超过5A，一般情况下，不直接控制主电路的通断，而是在控制电路中发出指令或信号去控制接触器、继电器等电器，再由它们去控制主电路的通断、功能转换或电气联锁。其外形如图 4-2 所示，结构与符号见表 4-1。

按钮开关的检测

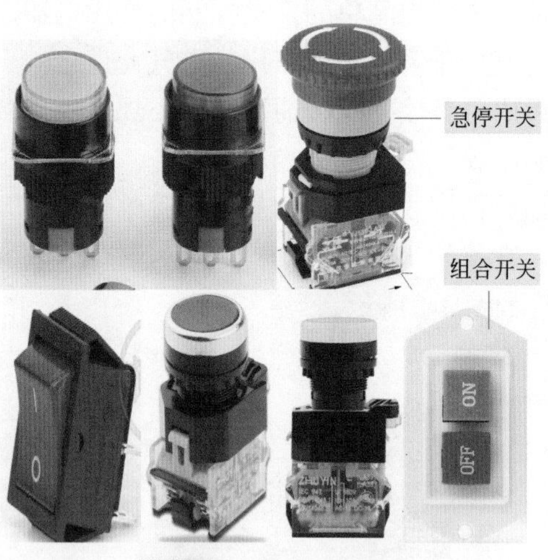

图4-2 按钮开关实物

表4-1　按钮开关的结构与符号

名称	常闭按钮（停止按钮）	常开按钮（启动按钮）	复合按钮
结构			按钮帽 复位弹簧 支柱连杆 常闭静触点 桥式动触点 常开静触点 外壳
符号	SB	SB	SB

2.按钮开关的检测

在不按压按钮开关的时候用万用表的电阻挡或者是二极管挡检测两组触点，通的一次为常闭触点，不通的一次为常开触点。检测常开触点如图 4-3 所示 。

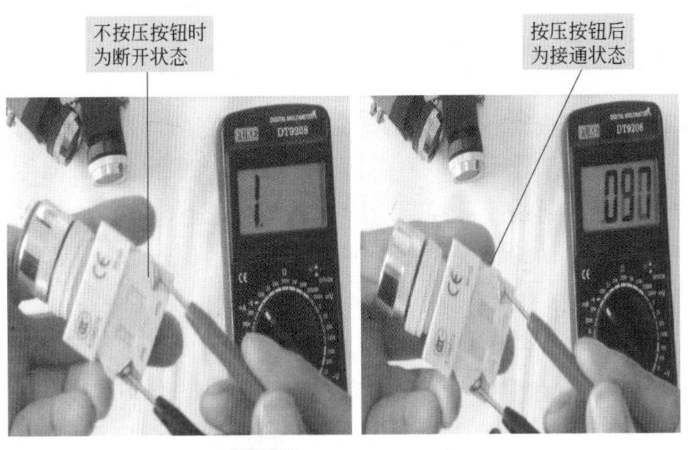

图4-3　检测常开触点

按一下按钮开关以后，那么原来的常闭触点用表检测时，应为断开状态，而原来的常开触点，此时应为接通状态，说明按钮开关是好的，否则说明内部接点接触不良。检测常闭触点如图 4-4 所示。

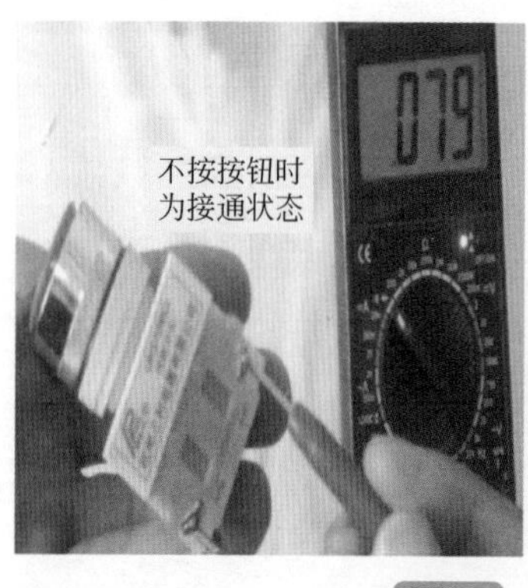

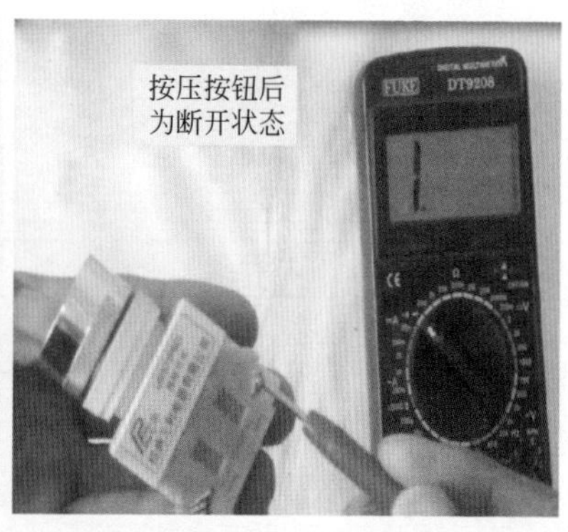

图4-4　检测常闭触点

三　行程开关

1.行程开关用途及符号

行程开关也称位置开关或限位开关。它的作用与按钮相同，特点是触点的动作不靠手，而是利用机械运动部件的碰撞使触点动作来实现接通或断开控制电路。它是将机械位移转变为电信号来控制机械运动的，主要用于控制机械的运动方向、行程大小和位置保护。

行程开关主要由操作机构、触点系统和外壳 3 部分构成。行程开关种类很多，一般按其机构分为直动式、转动式和微动式。常见的行程开关的外形、结构与符号见表 4-2。如图 4-5 行程开关实物。

2.行程开关的检测

行程开关分为三个接点的行程开关和四个接点的行程开关。

检测行程开关的时候，三个接点的行程开关检测首先要找到它的公共端，也就是按照外壳上面所标的符号来确定它的公共端，然后分别检测它的常开触点和常闭触点的通断，再按压行程开关的活动臂，分别检测行程开关的触点的通与断来判断它的好坏，如图 4-6 所示。

表 4-2　常见的行程开关的外形、结构与符号

外形	直动式	单轮旋转式	双轮旋转式
结构	推杆、弯形片状弹簧、常开触点、常闭触点、恢复弹簧		
符号	常开触点	常闭触点	复合触点
	SQ	SQ	SQ

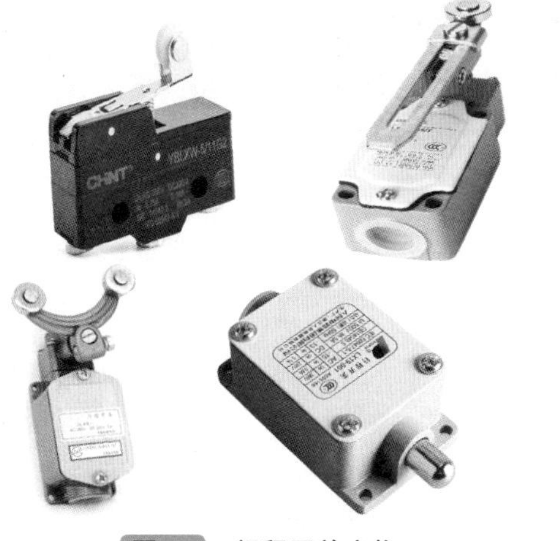

图4-5　行程开关实物

行程开关的检测

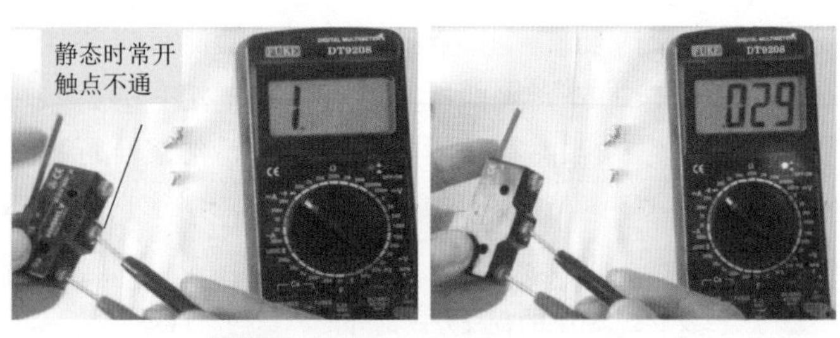

图4-6　检测三个接点的行程开关

用万用表电阻挡（低挡位）或者蜂鸣挡检测四个接点的行程开关时，首先要找到它的常开触点和常闭触点，然后分别测量常开触点和常闭触点在静态时也就是不按压活动臂的状态时，常开触点不通，常闭触点通。再按压行程开关的活动臂后检测，也就是在动态时的开关状态，常开触点通，常闭触点不通。如果不按照这个规定接通和断开，说明行程开关损坏。检测过程如图 4-7 所示。

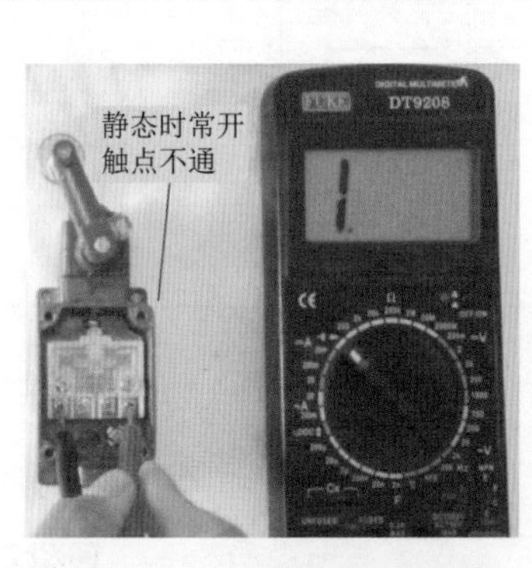

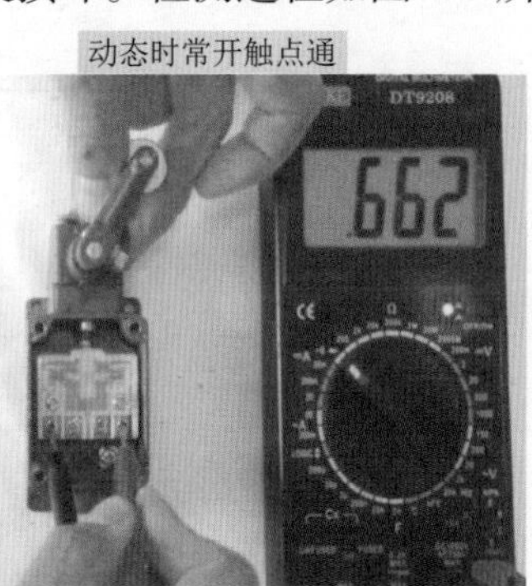

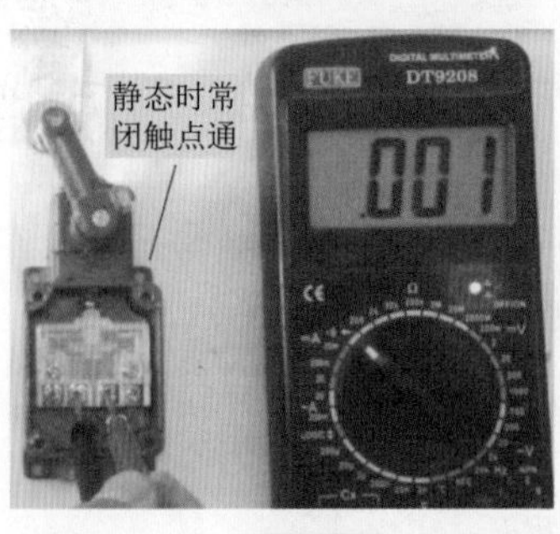

图4-7　四个接点的行程开关的检测

四　电接点压力开关

1. 电接点压力开关的结构

电接点压力开关有测量系统、指示系统、接点装置、外壳、调整装置和接线盒等组成。电接点压力开关是在普通压力表的基础上加装电气装置，在设备达到设定压力时，现场指示工作压力并输出开关量信号，如图 4-8 所示。

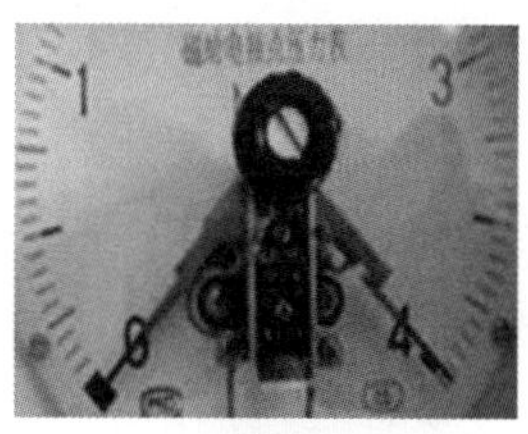

电接点压力开关控制电路

图4-8　电接点压力开关的结构

2. 电接点压力开关的检测

电接点压力开关也有常开触点和常闭触点，在没有压力的情况下，测量通的触点为常闭触点，不通的触点为常开触点。而当有压力的时候，用万用表检测，原来不通的触点应该接通，原来通的触点应该断开。这是检测电接点压力开关的常开触点和常闭触点的方法，也就是说应该在有压力和无压力的情况下分别进行检测。

五　声光控开关

1. 电路工作原理

声光控开关能使白炽灯的亮灭跟随环境光线变化自动转

换，在白天开关断开，即灯不亮；夜晚环境无光时闭合，即灯亮（图 4-9）。

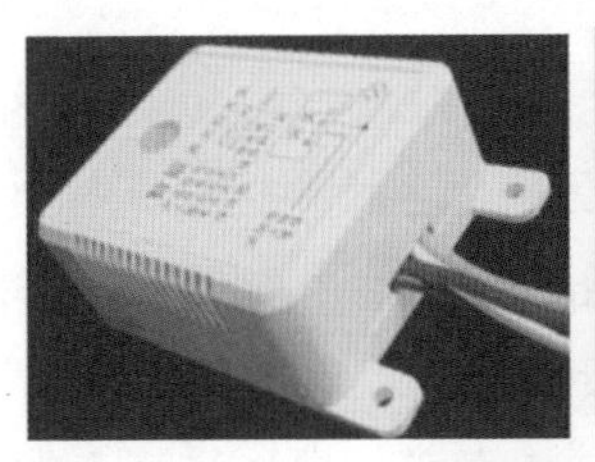

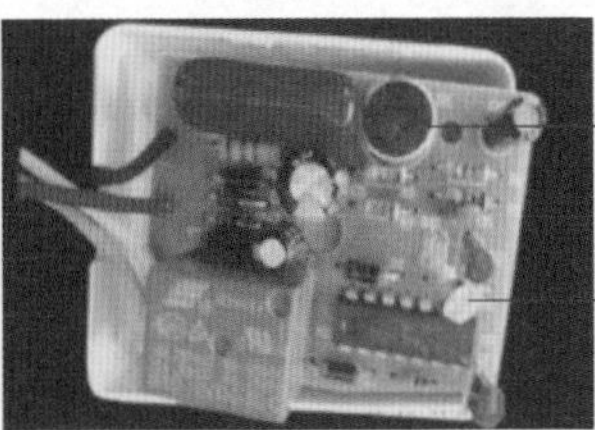

图4-9　声控开关电路

2. 声光控开关的检测

（1）光控部分的检测　在检测光控部分的时候，最好使用指针表测量。首先在有光的情况下检测光敏电阻的阻值，记住这个阻值，然后用手指按住光敏电阻，或者是用黑的物体遮住光敏电阻测量光敏电阻的阻值，两个电阻阻值相比较应有较大的差异，说明光敏电阻是好的。如图 4-10 所示。如果在亮阻和暗阻的时候万用表的表针没有摆动现象，那么说明光敏电阻是坏的，应该更换光敏电阻。

声光控开关的检测

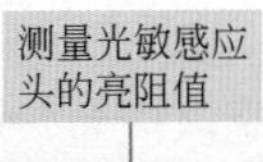

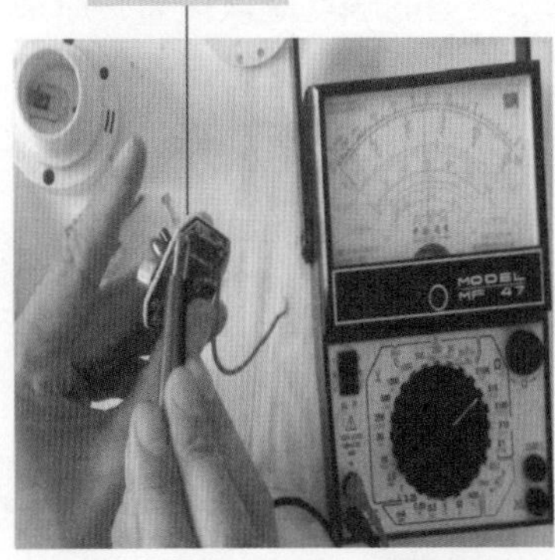

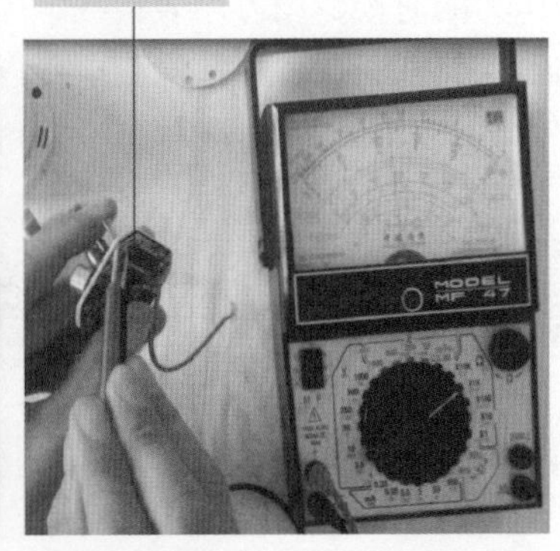

图4-10　光控部分的检测

（2）测量声控部分　在电路中检测声控探头（话筒）的时候，最好使用指针表测量。首先用电阻挡测出它的静态阻值，然后用手轻轻地敲动话筒，那么万用表的指针应该有轻微的抖动，摆动量越大，说明话筒的灵敏度就越高，如果不摆动，说明话筒是坏的，应更换。如图 4-11 所示。

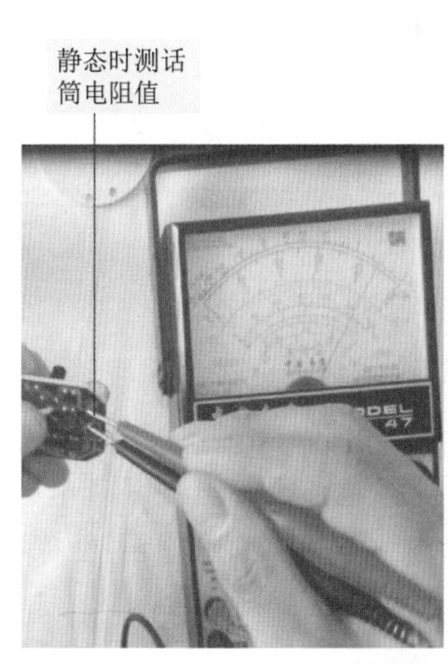

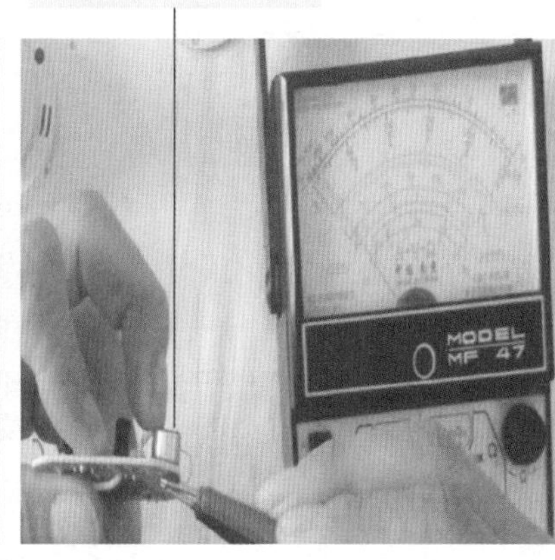

图4-11　测量声控部分

六　主令开关

1. 主令开关作用及外形

主令开关主要用于闭合、断开控制线路，以发布命令或用作程序控制，实现对电力传动和生产机械的控制。因此，它是人机联系和对话所必不可少的一种元件。图 4-12 所示是一种十字开关，用于控制信号灯等方向性电器。外形如图 4-12 所示。

主令开关的检测

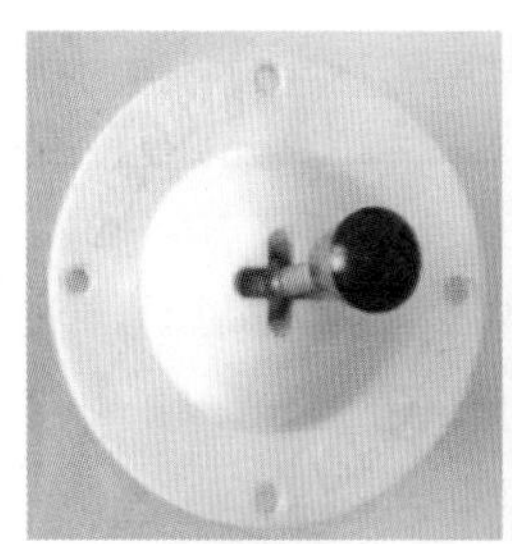

图4-12 万能主令开关的实物外形

2.主令开关的检测

在检测主令开关的时候，首先要看清主令开关是由几组开关构成的，每组中有几个常开触点几个常闭触点。下面以四组开关为例进行测试。每组有一个常闭触点和一个常开触点用万用表电阻挡（低挡位）或者蜂鸣挡检测。在检测时，首先在主令开关为零位置时分别检测四组开关中的常闭触点，每个常闭触点应相通，再检测所有常开触点，应不通。然后将主令开关的控制手柄搬动到向某个方向位置，检测对应的开关的常开触点应该相通，其余三组的常开触点不应通。用同样的方法分别检测另外三组开关的常开触点是否能够相通。如果手柄搬到相对应的位置时，对应的常闭触点不能断开，常开触点不能相通，则说明对应组的开关损坏。如图 4-13 所示。

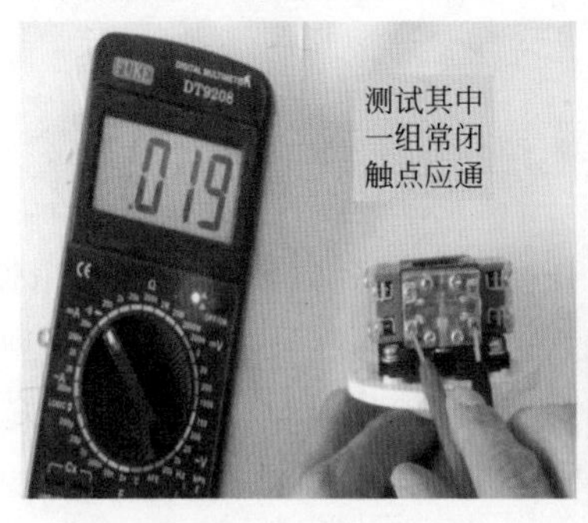

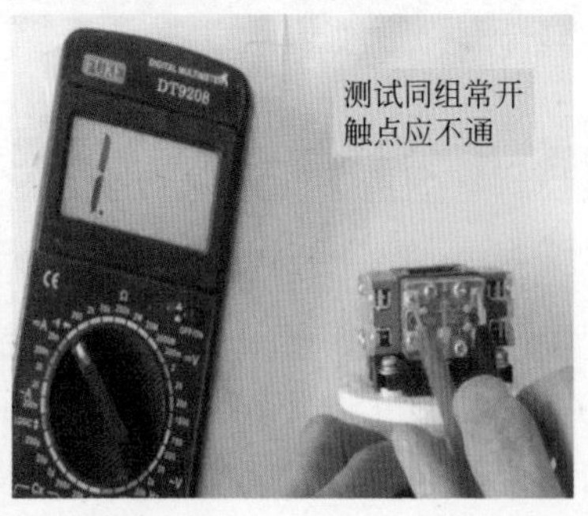

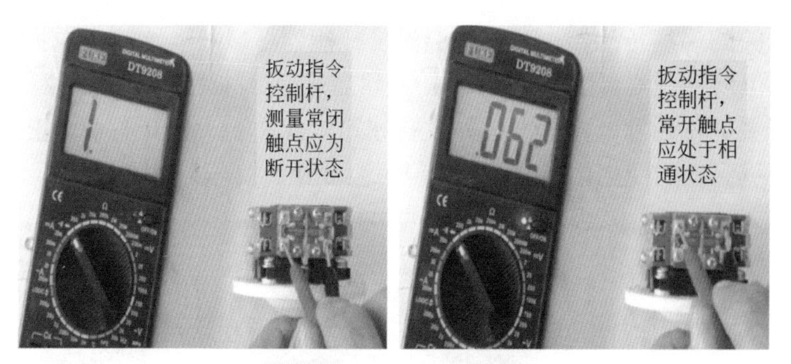

图4-13　主令开关的检测

七　温度开关

1. 温度开关

温度开关又称旋钮温控器，实物图如图 4-14 所示。其结构包括由波纹管、感温包（测试管）、偏心轮、微动开关等组成一个密封的感应系统和一个传送信号的动力的系统。

图4-14　温度开关实物图

2. 温度开关的检测

用万用表电阻挡（低挡位）或者蜂鸣挡检测。检测温度开关时，首先要检测开关的通断状态，也就是说旋转转换开关，应该能够切断和接通，然后检测其在温度变化时的状态。可以把温度开关的温度传感器，对于低温温度控制器可以放入冰箱当中（高温温度控制器可以用热源加温），然后进行冷冻（或者加温）检查开关的接通和断开状态，如放在冰箱（或加温）后开关不能正常根据温度的变化接通或断开，说明温度开关损坏。如图4-15所示。

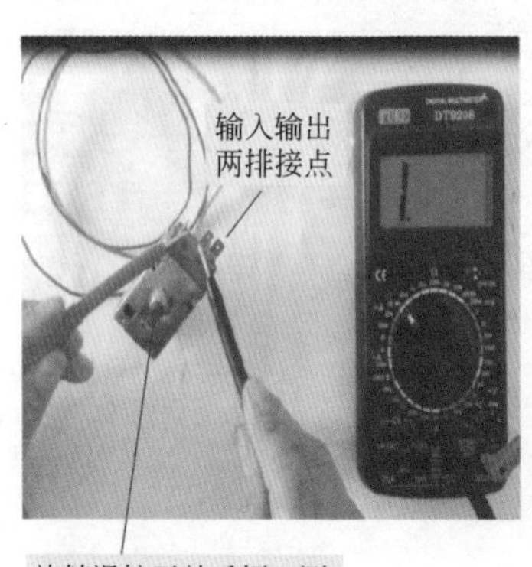

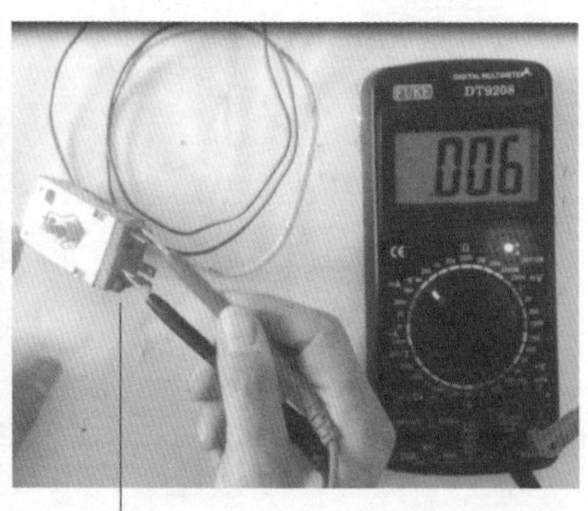

图4-15　温度开关的检测

八　倒顺开关

1.作用与工作原理

倒顺开关也叫顺逆开关，它的作用是连通、断开电源或负载，可以使电动机正转或反转，主要是控制单相、三相电动机做正反转用的电气元件，但不能作为自动化元件。

三相电源提供一个旋转磁场，使三相电动机转动，因电源三相的接法不同，磁场可顺时针或逆时针旋转。为改变转向，只需要将电动机电源的任意两相相序进行改变即可完成。如原来的相序是A、B、C，只需改变为A、C、B或C、B、A。一般的倒顺开关有两排六个端子，调相通过中间触头换向接触，达到换相目的。倒顺开关接线如图 4-16 所示。倒顺开关内部结构有两种，如图 4-17 所示。

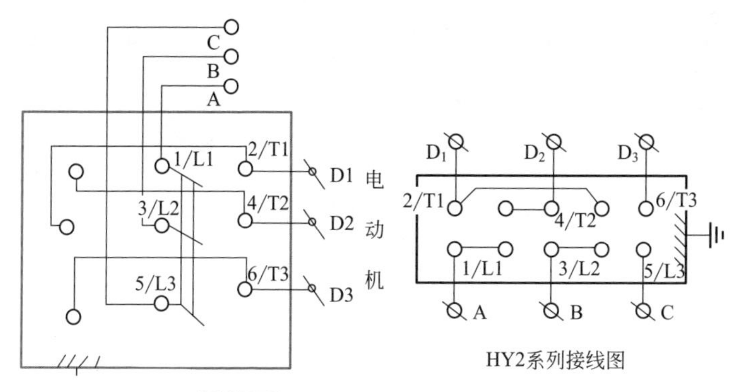

图4-16　倒顺开关的接线原理图

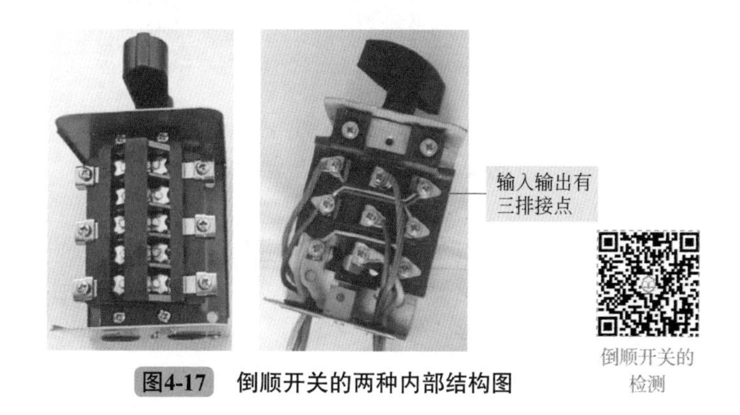

图4-17　倒顺开关的两种内部结构图

2. 倒顺开关的检测

用万用表电阻挡（低挡位）或者蜂鸣挡检测。在检修倒顺开关时，首先将倒顺开关放置于零的位置，也就是停的位置，用万用表电阻挡检测输入端和输出端，三组开关均不应相通。如图 4-18 所示。

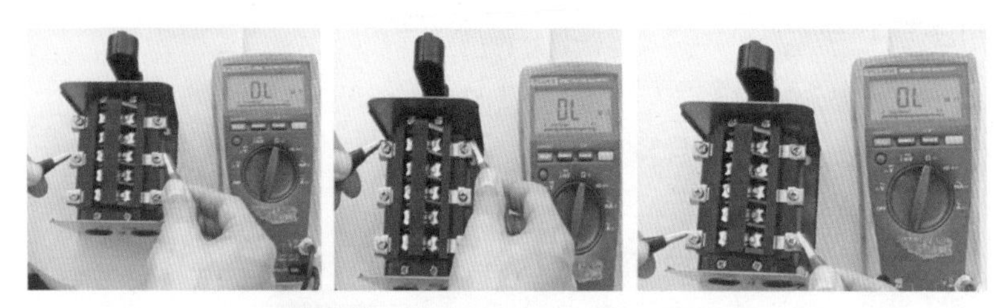

图4-18 在停的位置所有开关都不通

然后将开关拨向正转的位置，那么检测它的三组输入端和输出端应相通，如不通，为对应开关损坏。如图 4-19 所示。

图4-19 在正转的位置开关导通情况

再将开关拨向反转位置，检测倒顺开关三个输入端和三个输出端，应有两组交叉通。如不能实现，则说明开关损坏。如图 4-20 所示。

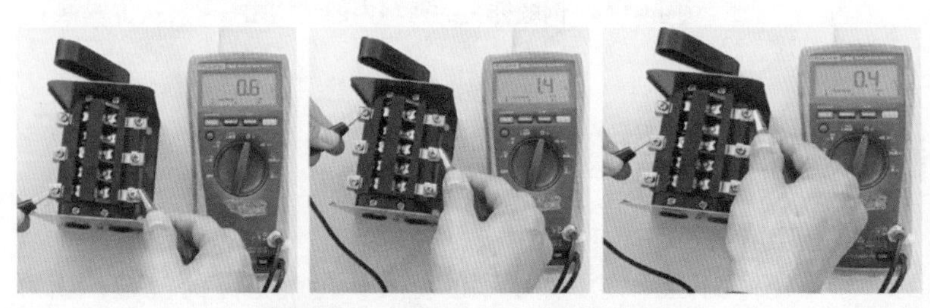

图4-20 在反转位置开关导通情况

九　万能转换开关

1.万能转换开关结构

万能转换开关（文字符号 SA）是用于不频繁接通与断开的电路，实现换接电源和负载的一种多挡式、控制多回路的主令电器。其外形和结构如图 4-21 所示。

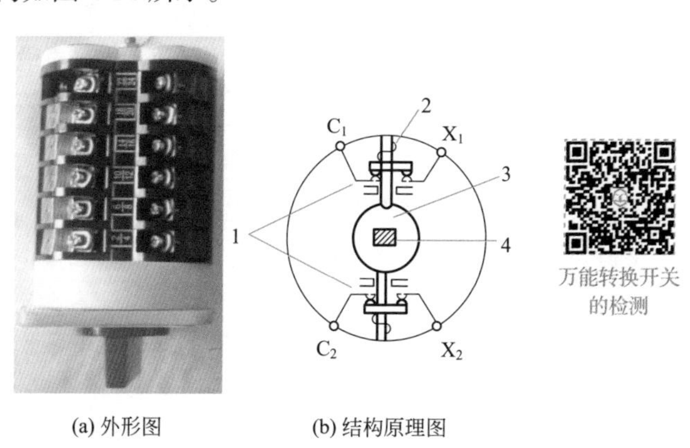

(a) 外形图　　(b) 结构原理图

图4-21　万能转换开关外形和结构

1—触点；2—触点，弹簧；3—凸轮；4—转轴

2.万能转换开关图形及文字符号

如图 4-22 所示开关的挡位、触点数目及接通状态，表中用“×”表示触点接通，否则为断开，由接线表才可画出其图形符号。具体画法是：用虚线表示操作手柄的位置，用有无“•”表示触点的闭合和打开状态。例如，在触点图形符号下方的虚线位置上画“•”，表示当操作手柄处于该位置时，该触点是处于闭合状态；若在虚线位置上未画“•”，则表示该触点是处于打开状态。

① 在 0 位时，1-2 触点闭合。

② 往左旋转触点，5-6、7-8 触点闭合。

③ 往右旋转触点，5-6、3-4 触点闭合。

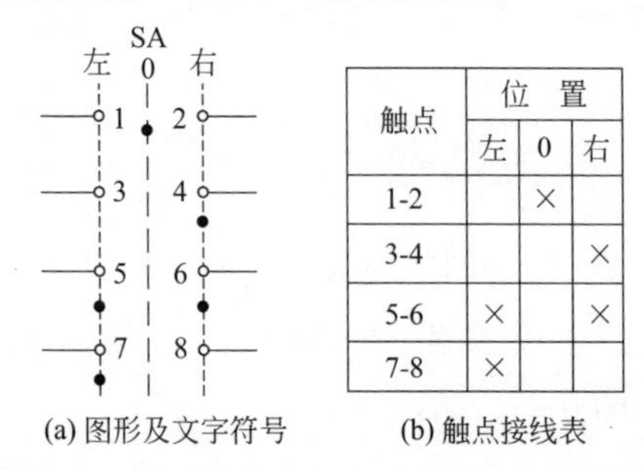

触点	位置		
	左	0	右
1-2		×	
3-4			×
5-6	×		×
7-8	×		

(a) 图形及文字符号　　(b) 触点接线表

图4-22　万能转换开关图形、文字符号及触点接线表

LW26-25 万能转换开关是一种多挡式、控制多回路的主令电器。万能转换开关主要用于各种控制线路的转换，电压表、电流表的换相测量控制，配电装置线路的负符遥控等。万能转换开关还可以用于直接控制小容电动机的启动、调速和换向。

3. 万能转换开关与凸轮控制器的检测

（1）三挡位万能转换开关检测　三挡位万能转换开关种类比较多，下面以 LW5D-16 型为例讲解其检测。

用万用表电阻挡（低挡位）或者蜂鸣挡检测。在检测万能转换开关的时候，一定要熟悉它的触点接线表，只有充分熟悉了触点接线表才能知道转换开关放的位置是哪个开关相通，哪个开关断开。在实际检测中，首先应将转换开关放在 0 位，按照接线图表中找到相通的开关测量应为通状态，其余所有开关均应处于断开状态（某些万能转换开关在 0 位时所有开关均不相通），如图 4-23 所示。

然后将开关拨到左或者是右的位置，根据触点接通表测量相应的触点，其常开触点应该是不通的，对应的常闭触点应通，如不能按照触点接线表中的开关闭合断开，则说明开关有接触不良或损坏现象。

在0位时所有组
开关均不通

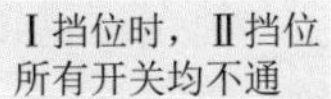

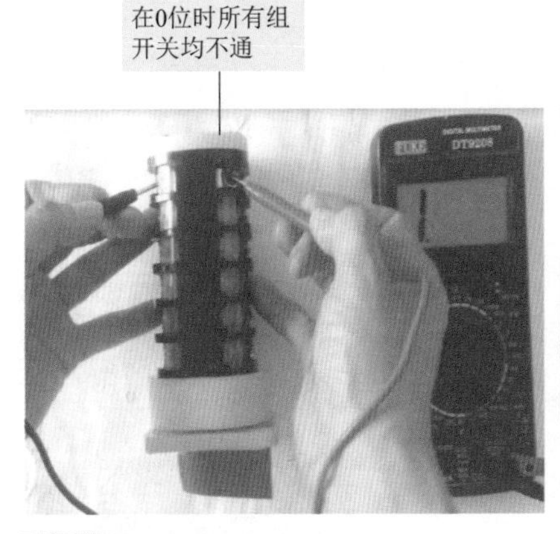

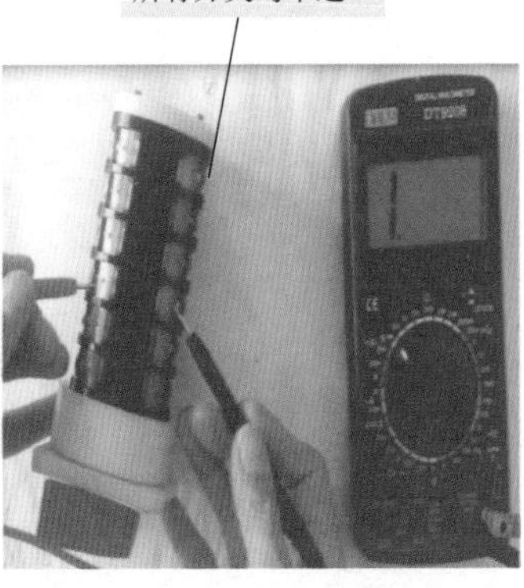

图4-23　转换开关在0位时所有开关均不通，在Ⅰ挡位时Ⅱ挡位所有开关均不通

在测量过程当中，无论是向左还是向右，或者说Ⅰ挡、Ⅱ挡位置的时候，那么要把所有的开关全部测量到，也就是说和其相关的开关都应测量到，不能有遗漏。如图 4-24 所示。

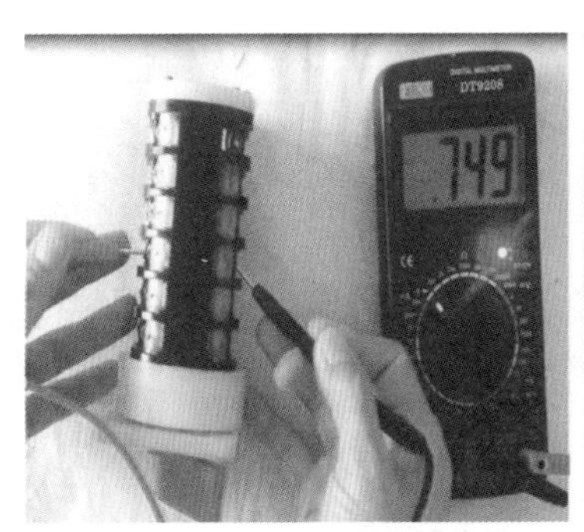

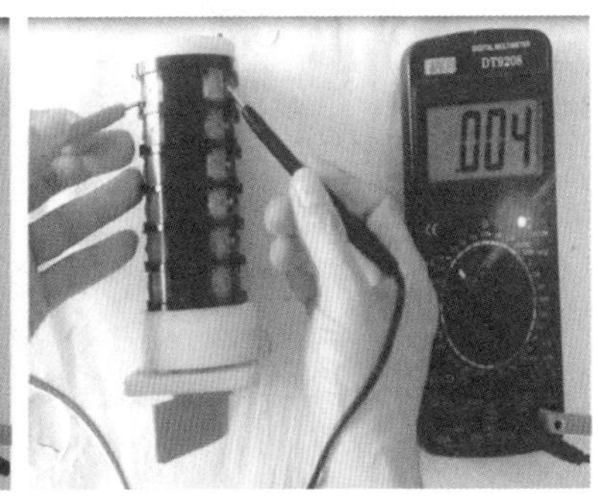

图4-24　在Ⅰ挡时所有组开关全部通

（2）多挡位开关检测　多挡位开关型号也是比较多的，下面以 LW12-16 型万能转换开关为例进行检测。LW12-16 型有 40 个触点（20 组开关），共计 6 个挡位。如图 4-25 所示。

用万用表电阻挡（低挡位）或者蜂鸣挡检测。在检测多挡位万能转换开关时，由于挡位比较多，触点组数比较多，因此检修时必须要有触点接线表，根据触点接线表分析清楚在开关不同位置时对应的触点接通断开状态，然后根据接通断开状态测量对应的开关的接通和断开。如在检测过程当中转换开关转到对应位置时，其控制的开关不能按照触点接线表通或断，则为开关损坏。在检测多挡开关的时候，要把所有触挡组全部检测到，不能有遗漏。

0位所有开关均不通

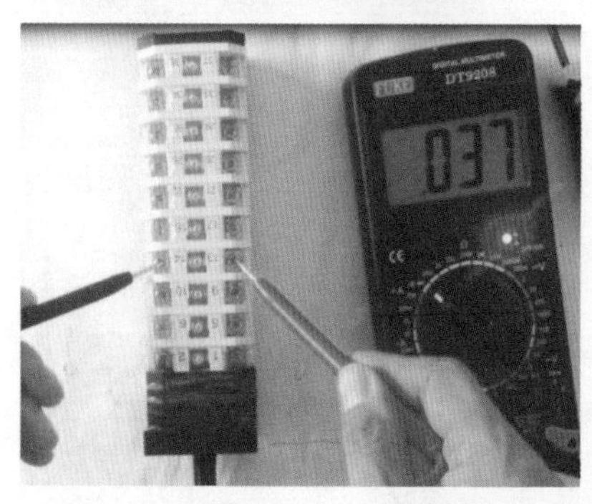

图4-25　多挡位开关检测

十　凸轮控制器

1. 凸轮控制器的用途

凸轮控制器也是一种万能转换开关。如图 4-26 所示为凸轮控制器的结构，如图 4-27 所示为 KTJI-51 型凸轮控制器的触点接线表。如图 4-28 所示为凸轮控制器实物。

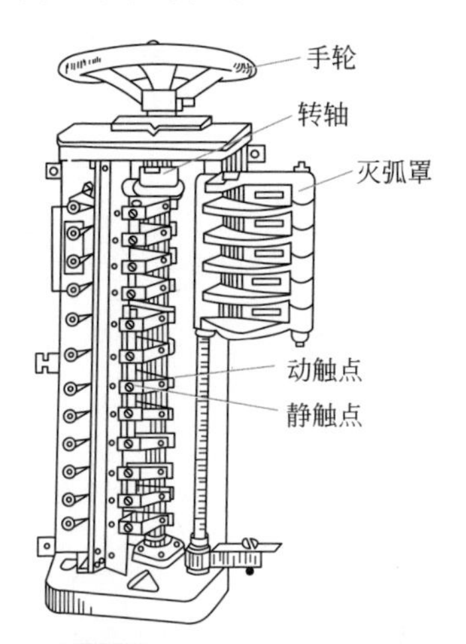

图4-26 凸轮控制器的结构

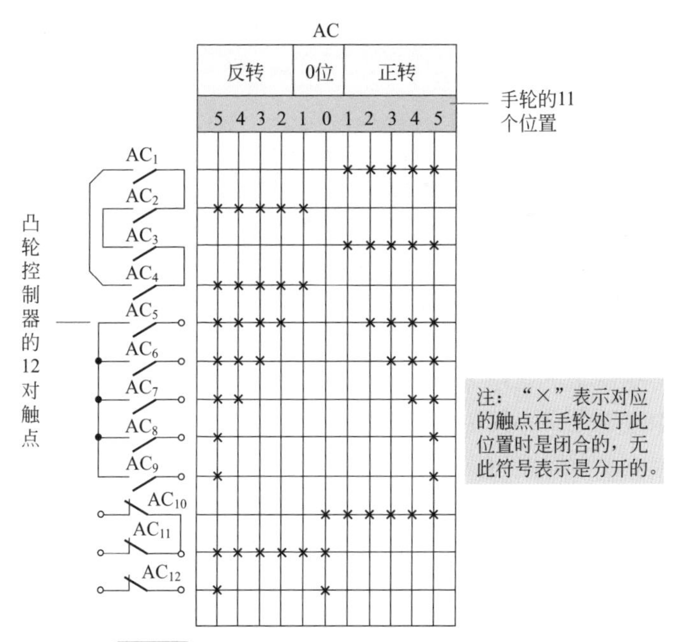

图4-27 KTJI-51型凸轮控制器的触点接线表

凸轮控制器的检测

图4-28　凸轮控制器实物

2. 凸轮控制器的检测

凸轮控制器的检测与多挡位万能转换开关检测方法相同，具体检测过程可扫二维码学习。

1. 熔断器作用分类

熔断器是低压电力拖动系统和电气控制系统中使用最多的安全保护电器之一，其主要用于短路保护，也可用于负载过载保护。熔断器主要由熔体和安装熔体的熔管和熔座组成。

熔体在使用时应串联接在需要保护的电路中，熔体是用铅、锌、铜、银、锡等金属或电阻率较高、熔点较低的合金材料制作而成。如图 4-29 所示为熔断器与底座实物。

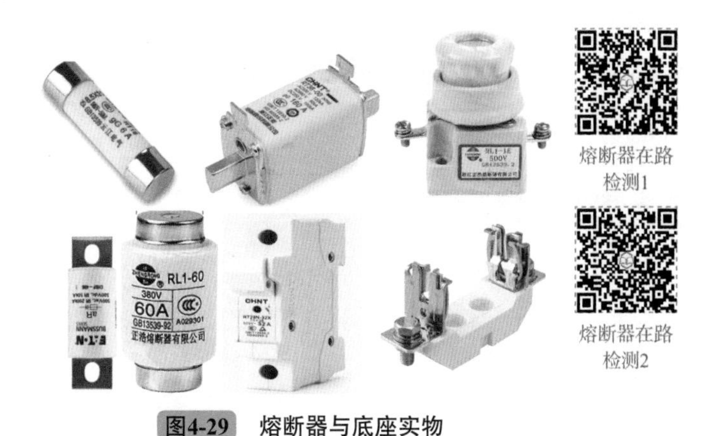

图4-29　熔断器与底座实物

2.熔断器的检测

用万用表电阻挡或者是蜂鸣挡进行检测。在测量时如果所测量的阻值很小几乎为零，或者是蜂鸣挡有蜂鸣指示灯亮，说明保险也就是熔断器是好的。如果在测量时所测量的阻值很大或者是蜂鸣挡无蜂鸣指示灯不亮，说明保险也就是熔断器是坏的。如图4-30所示。

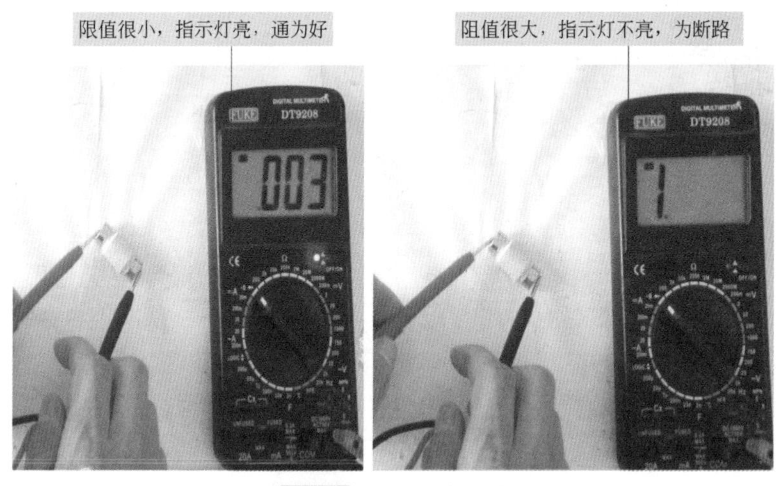

图4-30　熔断器的检测

十二 断路器

1. 断路器的用途

低压断路器又称自动空气开关或自动空气断路器，是一种重要的控制和保护电器，主要用于交直流低压电网和电力拖动系统中，既可手动又可电动分合电路。它集控制和多种保护功能于一体，对电路或用电设备实现过载、短路和欠电压等保护，也可以用于不频繁地转换电路及启动电动机。低压短路器主要由触点、灭弧系统和各种脱扣器3部分组成。常见的低压断路器外形如图4-31所示。

断路器的检测1

断路器的检测2

图4-31 断路器实物

2. 断路器的检测

在检测断路器时，用万用表电阻挡（低挡位）或者蜂鸣挡检测。检测断路器在断开时的状态，其输入端和输出端均不应相通。然后将断路器接通检测输入端和输出端，应该相通。最后接通电源将断路器闭合，检测输出端的电压应等于输入端电压，再按漏电保护触发按钮，此时断路器应该跳开切断电源，如图4-32所示。

如果按压漏电实验按钮断路器不能跳开，说明漏电功能失效，也就是断路器损坏，应更换新断路器。

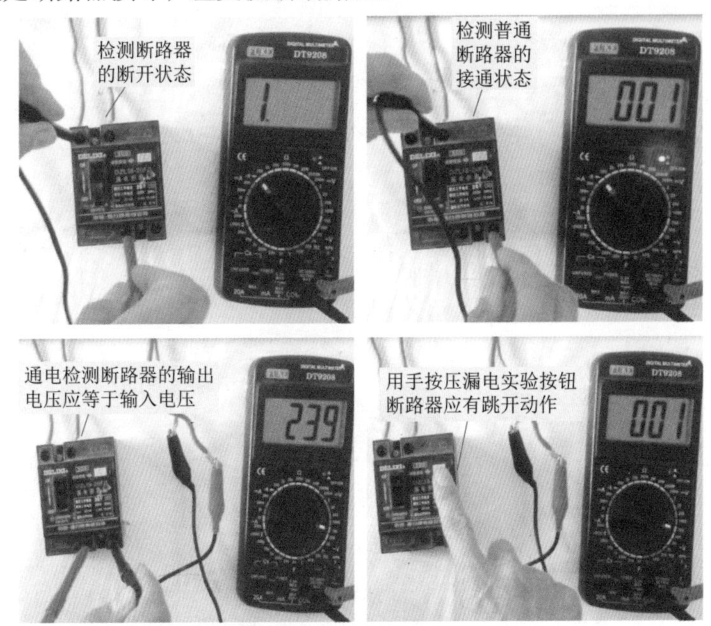

图4-32　通用断路器检测

某些断路器有过电流调整，在使用时应根据负载电流调整过电流值到合适位置，其他测试方法与测量普通断路器的测量方法相同。如图 4-33 所示。

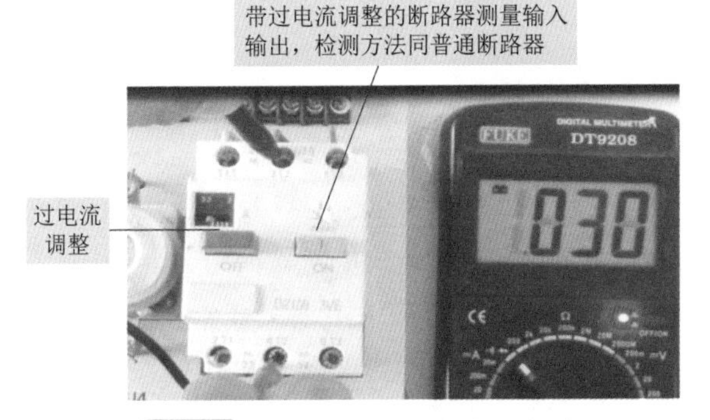

图4-33　过电流调整型断路器检测

十三 电磁继电器

1. 电磁继电器的作用

继电器是具有隔离功能的自动开关元件，广泛应用于遥控、遥测、通信、自动控制、机电一体化及电力电子设备中，是最重要的控制元件之一。电磁继电器如图 4-34 所示。

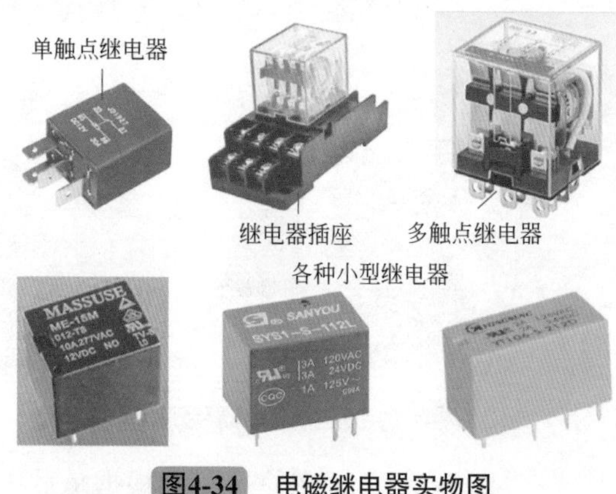

图4-34 电磁继电器实物图

2. 电磁继电器的识别

根据线圈的供电方式，电磁继电器可以分为交流电磁继电器和直流电磁继电器两种。交流电磁继电器的外壳上标有“AC”字符，而直流电磁继电器的外壳上标有“DC”字符。根据触点的状态，电磁继电器可分为常开型继电器、常闭型继电器和转换型继电器三种。三种电磁继电器的图形符号如图 4-35 所示。

常开型继电器也称动合型继电器，通常用“合”字的拼音字头“H”表示，此类继电器的线圈没有电流时，触点处于断开状态，当线圈通电后触点就闭合。

线圈符号	触点符号		
KR	KR-1	常开触点(动合)，称H型	
	KR-2	常闭触点(动断)，称D型	
	KR-3	转换触点(切换)，称Z型	
KR1	KR1-1	KR1-2	KR1-3
KR2	KR2-1	KR2-2	

图4-35　电磁继电器的图形符号

常闭型继电器也称动断型继电器，通常用“断”字的拼音字头“D”表示，此类继电器的线圈没有电流时，触点处于接通状态，当线圈通电后触点就断开。

转换型继电器用“转”字的拼音字头“Z”表示，转换型继电器有3个一字排开的触点，中间的触点是动触点，两侧的是静触点，此类继电器的线圈没有导通电流时，动触点与其中的一个静触点接通，而与另一个静触点断开；当线圈通电后动触点移动，与原闭合的静触点断开，与原断开的静触点接通。

电磁继电器按控制路数可分为单路继电器和双路继电器两大类。双控型电磁继电器就是设置了两组可以同时通断的触点的继电器，其结构及图形符号如图4-36所示。

3. 电磁继电器的检测

（1）判别类型（交流或直流） 电磁继电器分为交流与直流两种，在使用时必须加以区分。凡是交流继电器，因为交流电不断呈正旋变化，当电流经过零值时，电磁铁的吸力为零，这时衔铁将被释放；电流过了零值，吸力恢复又将衔铁吸入。这样，伴着交流电的不断变化，衔铁将不断地被吸入和释放，势必产生剧烈的振动。为了防止这一现象的发生，在其铁芯顶端装有一个铜制的短路环。短路环的作用是，当交变的磁通穿过短路环时，在其中产生感应电流，从而阻止交流电过零时原磁场消失，使衔铁和磁轭之间维持一定的吸力，从而消除了工作中的振动。另外，在交流继电器的线圈上常标有“AC”字样。直流电磁继电器则没有铜环。在直流继电器上标有“DC”字样。有些继电器标有AC/DC，则要按标称电压正确使用。

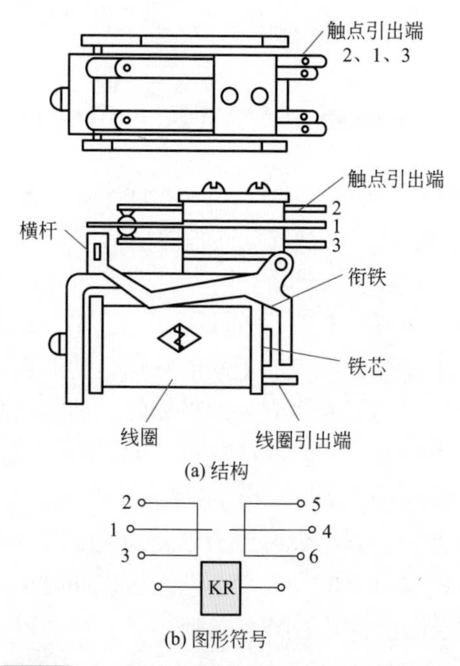

(a) 结构

(b) 图形符号

图4-36　双控型电磁继电器的结构及图形符号

（2）测量线圈电阻　根据继电器标称直流电阻值，将万用表置于适当的电阻挡，可直接测出继电器线圈的电阻值。即将两表笔接到继电器线圈的两引脚，万用表指示应基本符合继电器标称直流电阻值。如果阻值无穷大，说明线圈有开路现象，可查一下线圈的引出端，看看是否线头脱落；如果阻值过小，说明线圈短路，但是通过万用表很难判断线圈的匝间短路现象；如果断头在线圈内部或看上去线包已烧焦，那么只有查阅数据，重新绕制，或换一个相同的线圈（图 4-37）。

图4-37　测量线圈电阻

（3）判别触点的数量和类别　在继电器外壳上标有触点及引脚功能的，可直接判别；如无标注，可拆开继电器外壳，仔细观察继电器的触点结构，即可知道该继电器有几对触点，每对触点的类别以及哪个簧片构成一组触点，对应的是哪几个引出端（图 4-38、图 4-39）。

图4-38　测量常闭触点

（4）检查衔铁工作情况　用手拨动衔铁，看衔铁活动是否灵活，有无卡滞的现象。如果衔铁活动受阻，应找出原因加以排除。另外，也可用手将衔铁按下，然后再放开，看衔铁是否能在弹簧（或簧片）的作用下返回原位。注意，返回弹簧比较容易被锈蚀，应作为重点检查部位。

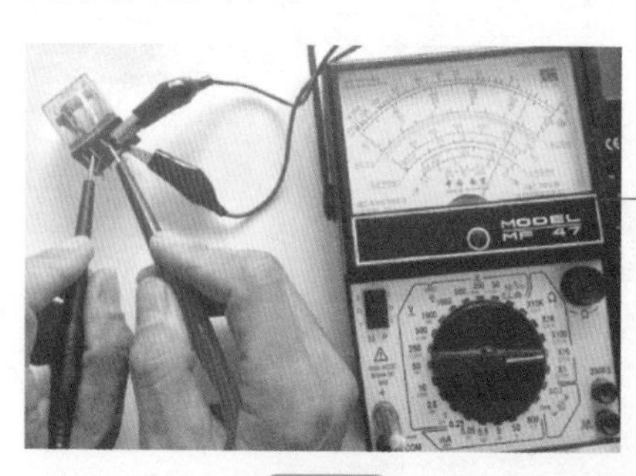

图4-39　通电后测量常开触点

（5）测量吸合电压和吸合电流　给继电器线圈输入一组电压，且在供电回路中串入电流表进行监测。慢慢调高电源电压，听到继电器吸合声时，记下该吸合电压和吸合电流。为求准确，可以多试几次而求平均值。

（6）测量释放电压和释放电流　也是像上述那样连接测试，当继电器发生吸合后，再逐渐降低供电电压，当听到继电器再次发出释放声音时，记下此时的电压和电流，亦可多试几次取得平均的释放电压和释放电流。一般情况下，继电器的释放电压为吸合电压的 10% ～ 50%。如果释放电压太小（小于 1/10 的吸合电压），则不能正常使用了，这样会对电路的稳定造成威胁，工作不可靠。

十四　固态继电器

1. 固态继电器的作用

固态继电器（SSR）是一种全电子电路组合的元件，它依靠半导体器件和电子元件的电磁和光特性来完成其隔离和继电切换功能。固态继电器与传统的电磁继电器相比，是一种没有机械、不含运动零部件的继电器，但具有与电磁继电器本质上相同的功能。固态继电器的输入端用微小的控制信号直接驱动大电流负载，被广泛应用于工业自动化控制，如电炉加热系统、热控机械、遥控机械、电机、电磁阀以及信号灯、闪烁器、舞台灯光控制系统、医疗器械、复印机、洗衣机、消防保安系统等都有大量应用。固态继电器的外形如图 4-40 所示。

图4-40　固态继电器的外形

2. 固态继电器的主要参数

① 输入电流（电压）：输入流过的电流值（产生的电压值），一般标示全部输入电压（电流）范围内的输入电流（电压）最大值；在特殊声明的情况下，也可标示额定输入电压（电流）下的输入电流（电压）值。

② 接通电压（电流）：使固态继电器从关断状态转换到接通状态的临界输入电压（电流）值。

③ 关断电压（电流）：使固态继电器从接通状态转换到关断状态的临界输入电压（电流）值。

④ 额定输出电流：固态继电器在环境温度、额定电压、功率因数、有散热器等条件下，所能承受的电流最大的有效值。一般生产厂家都提供热降曲线，若固态继电器长期工作在高温状态下（40～80℃），用户可根据厂家提供的最大输出电流与环境温度曲线数据，考虑降额使用来保证它的正常工作。

⑤ 最小输出电流：固态继电器可以可靠工作的最小输出电流，一般只适用于晶闸管输出的固态继电器，类似于晶闸管的最小维持电流。

⑥ 额定输出电压：固态继电器在规定条件下所能承受的稳态阻性负载的最大允许电压的有效值。

⑦ 瞬态电压：固态继电器在维持其关断的同时，能承受而不致造成损坏或失误导通的最大输出电压。超过此电压可以使固态继电器导通，若满足电流条件则是非破坏性的。瞬态持续时间一般不做规定，可以在几秒的数量级，受内部偏值网络功耗或电容器额定值的限制。

⑧ 输出电压降：固态继电器在最大输出电流下，输出两端的电压降。

⑨ 输出接通电阻：只适用于功率场效应管输出的固态继电器，由于此种固态继电器导通时输出呈现线性电阻状态，故可以用输出接电阻来替代输出电压降表示输出的接通状态，一般采用瞬态测试法测试，以减少温升带来的测试误差。

⑩ 输出漏电流：固态继电器处于关断状态，输出施加额定输出电压时流过输出端的电流。

⑪ 过零电压：只适用于交流过零型固态继电器，表征其过零接通时的输出电压。

⑫ 电压指数上升率：固态继电器输出端能够承受的不至于使其接通的电压上升率。

⑬ 接通时间：从输入到达接通电压时起，到负载电压上升到90% 的时间。

⑭ 关断时间：从输入到达关断电压时起，到负载电压下降到10% 的时间。

⑮ 电气系统峰值：重复频率 10 次 /s，试验时间 1min，峰值电压幅度 600V，峰值电压波形为半正弦，宽度 10μs，正反向各进行 1 次。

⑯ 过负载：一般为 1 次 /s、脉宽 100ms、10 次，过载幅度为额定输出电流的 3.5 倍；对于晶闸管输出的固态继电器也可按晶闸管的标示方法，单次、半周期，过载幅度为 10 倍额定输出电流。

⑰ 功耗：一般包括固态继电器所有引出端电压与电流乘积的和。对于小功率固态继电器可以分别标示输入功耗和输出功耗，而对于大功率固态继电器则可以只标示输出功耗。

⑱ 绝缘电压（输入 / 输出）：固态继电器的输入和输出之间所能承受的隔离电压的最小值。

⑲ 绝缘电压（输入、输出 / 底部基板）：固态继电器的输入、输出和底部基板之间所能承受的隔离电压的最小值。

3. 固态继电器的检测

（1）输入部分检测　检测固态继电器输入部分如图 4-41 所示。固态继电器输入部分一般为光电隔离器件，因此可用万用表检测输入两引脚的正、反向电阻。测试结果应为一次有阻值，一次无穷大。如果测试结果均为无穷大，说明固态继电器输入部分已经开路损坏；如果两次测试阻值均很小或者几乎为零，说明固态继电器输入部分短路损坏。

（2）输出部分检测　检测固态继电器输出部分如图 4-42 所示。用万用表测量固态继电器输出端引脚之间的正、反向电阻，均应为无穷大。单向直流型固态继电器除外，因为单向直流型固态继电器输出器件为场效应管或 IGBT，这两种管在输出两脚之间会并有反向二极管，因此使用万用表测量时会呈现出一次有阻值、一次无穷大的现象。

（3）通电检测固态继电器 在上一步检测的基础上，给固态继电器输入端接入规定的工作电压，这时固态继电器输出端两引脚之间应导通，万用表指针指示阻值很小，如图 4-43 所示。断开固态继电器输入端的工作电压后，其输出端两引脚之间应截止，万用表指针指示为无穷大，如图 4-44 所示。

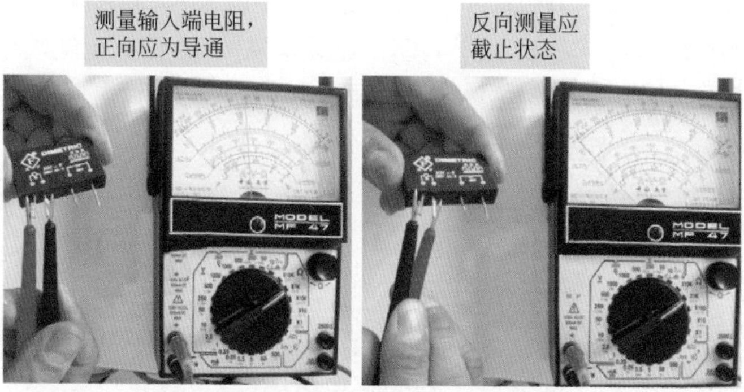

测量输入端电阻，正向应为导通

反向测量应截止状态

(a) 正向测量　　(b) 反向测量

图4-41　检测输入部分

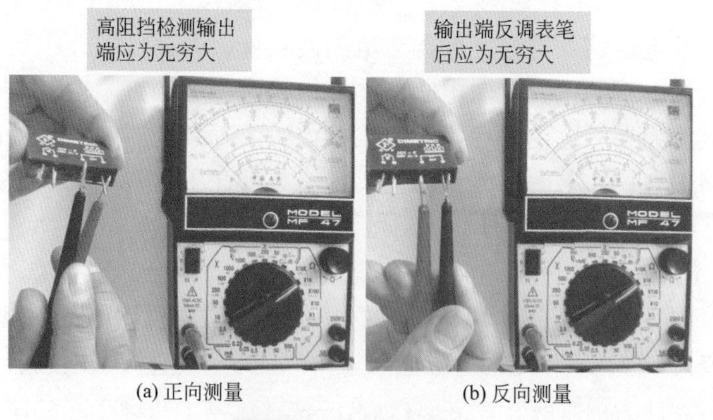

(a) 正向测量　　(b) 反向测量

图4-42　检测输出部分

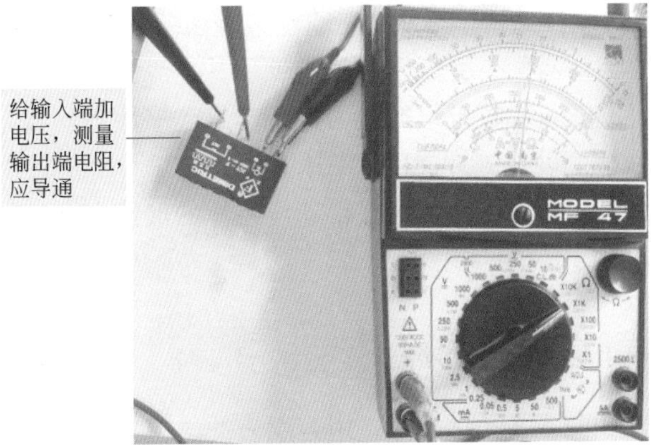

给输入端加
电压，测量
输出端电阻，
应导通
MODEL
MF 47

图4-43 接入工作电压时

断开供电后
输出端电阻
应为无穷大
MODEL
MF 47

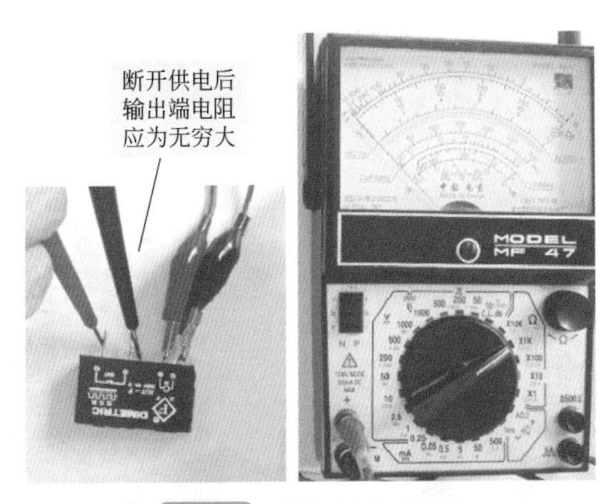

图4-44 断开工作电压时

十五 中间继电器

1. 中间继电器结构

中间继电器，常见的有 JZ 系列，其结构如图 4-45、图 4-46

所示。它是整体结构，采用螺管直动式磁系统及双断点桥式触点。基本结构交直通用，交流铁芯为平顶形，直流铁芯与衔铁为圆锥形接触面，以获得较平坦的吸力特性。触点采用直列式布置，对数可达 8 对，可按 6 开 2 闭、4 开 4 闭或 2 开 6 闭任意组合。变换反力弹簧的反作用力，可获得动作特性的最佳配合。如图 4-47 所示为中间继电器实物。

2. 中间继电器的检测

检测中间继电器时，首先用万用表的电阻挡或者是蜂鸣挡测量所有的常闭触点是否相通，在检测所有的常开触点均为断开状态，然后用万用表测量线圈应该有一定的电阻值，根据线圈的电压值不同，其电阻值有所变化，额定电压越高，线圈电阻值越大，如阻值为零或很小，为线圈烧毁，阻值无穷大为线圈断路。如图 4-48 所示。

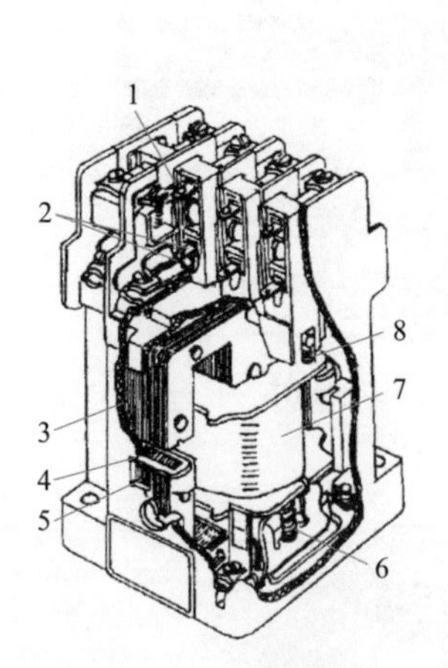

图4-45 JZ系列中间继电器

1—常闭触头；2—常开触头；3—动铁芯；4—短路环；5—静铁芯；6—反作用弹簧；7—线圈；8—复位弹簧

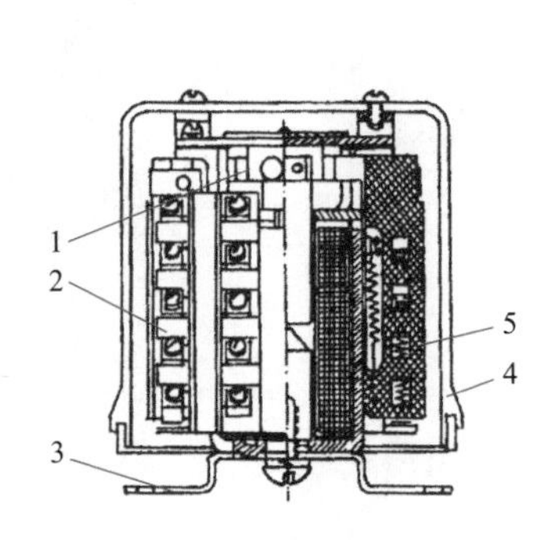

图4-46　电磁式中间继电器结构

1—衔铁；2—触点系统；3—支架；4—罩壳；5—电压线圈

一般情况下，用万用表按上述规律检测后认为中间继电器基本是好的。进一步测量，可用改锥按一下中间继电器的联动杆，测量常开触点应该闭合接通，对于判断中间继电器的电磁机械操作部件来讲可以进行通电试验，也就是给中间继电器加入额定的工作电压，此时中间继电器能吸合，然后用万用表测量其常开触点应相通，如图 4-48 所示。

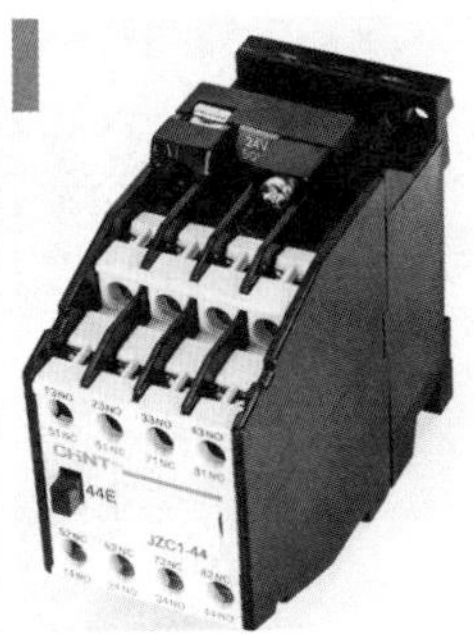

中间继电器的检测

图4-47　中间继电器实物

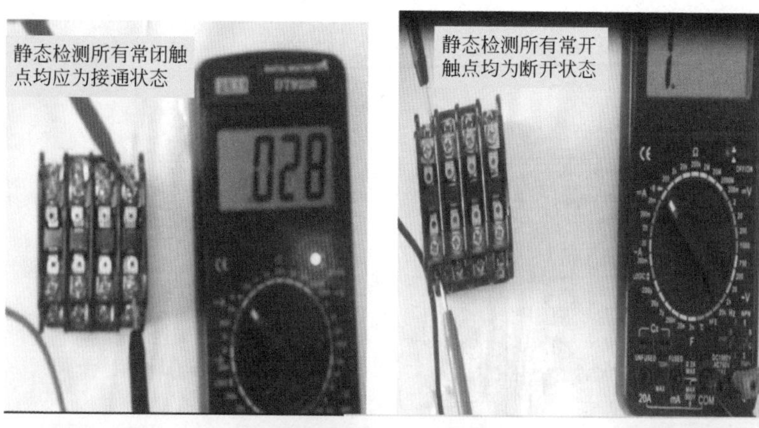

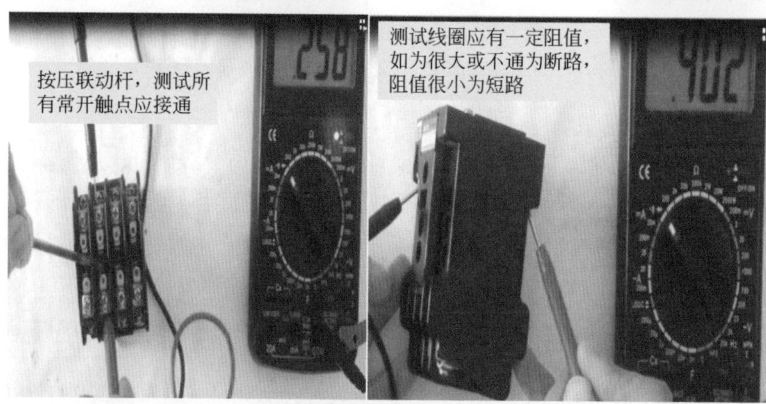

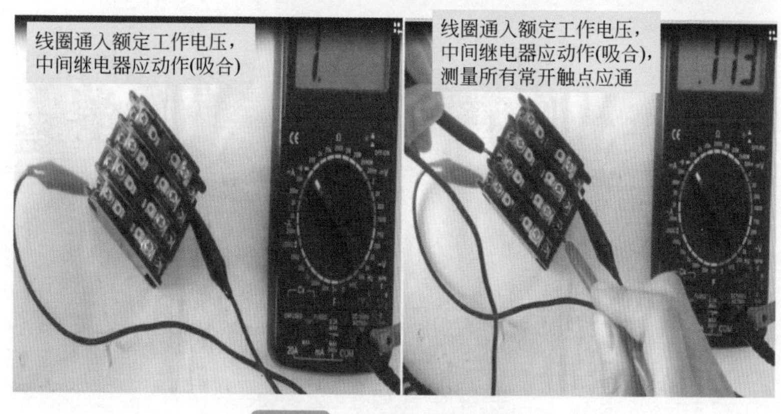

图4-48　中间继电器的检测

十六　热继电器

1.热继电器外形及结构

热继电器是利用电流的热效应来推动机构使触点闭合或断开的保护电器，主要用于电动机的过载保护、断相保护、电流的不平衡运行保护及其他电气设备发热状态的控制。常见的双金属片式热继电器的外形及结构符号如图 4-49 所示。

2.热继电器的检测

用万用表电阻挡（低挡位）或者蜂鸣挡检测。测量其输入和输出端的电阻值应很小或为零，说明常闭触点为通的状态。如果说阻值较大或者是不通，为热继电器损坏。

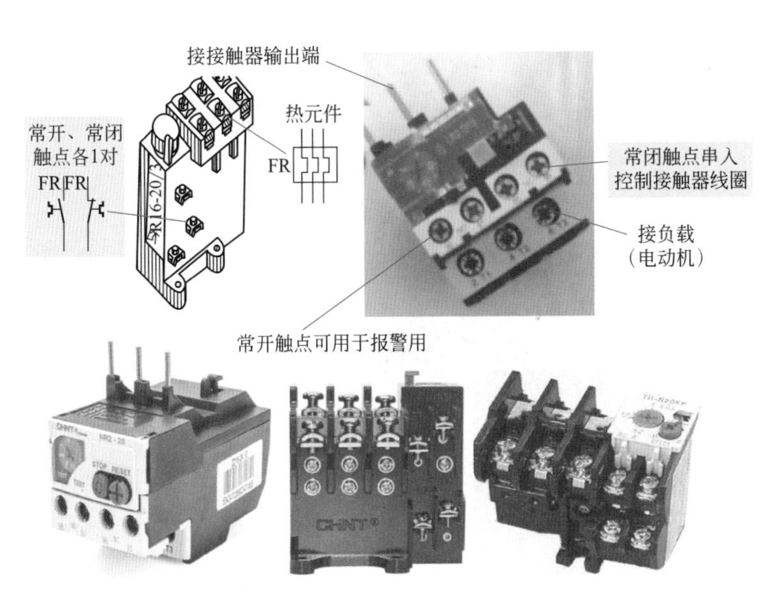

图4-49　热继电器的外形及结构符号

用万用表检测热继电器的常开触点和常闭触点，其常开触点应为断开状态，常闭触点应为接通状态。如图 4-50 所示。

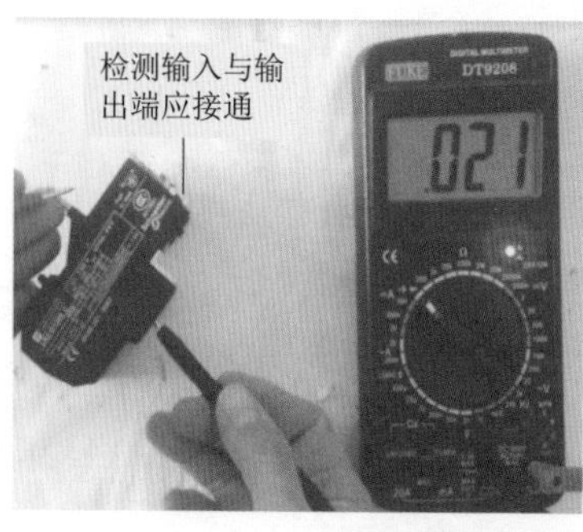

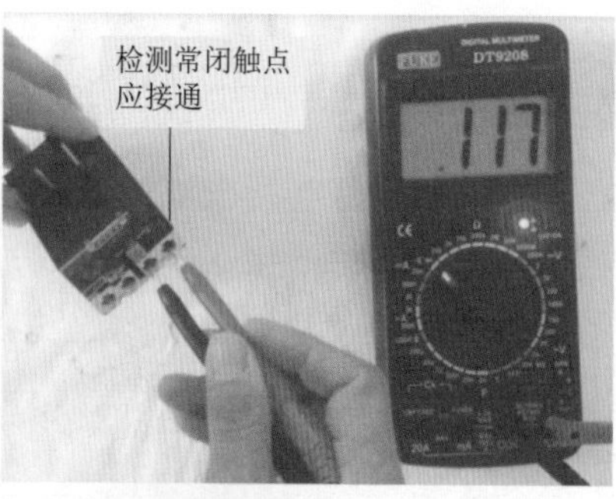

热继电器的检测

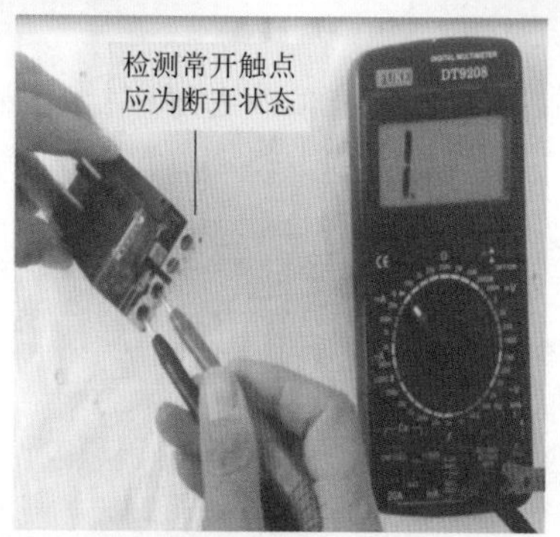

图4-50 热继电器的检测

十七 时间继电器

1. 时间继电器外形及结构

时间继电器是一种按时间原则进行控制的继电器，从得到输入信号（线圈的通电或断电）起，需经过一段时间的延时后才输出信号（触点的闭合或分断）。它广泛用于需要按时间顺序进行控制的电气控制线路中。时间继电器有电磁式、电动式、空气阻尼式、晶体管式等，目前电力拖动线路中应用较多的是空气阻尼式时间继电器和晶体管式时间继电器，它们的外形结构及特点见表4-3。

表4-3 常见时间继电器外形结构及特点

名称	空气阻尼式时间继电器	晶体管式时间继电器
结构图		
特点	延时范围较大，不受电压和频率波动的影响，可以作成通电和断电两种延时形式，结构简单、寿命长、价格低；但延时误差较大，难以精确地整定延时值，且延时值易受周围环境温度、尘埃等影响，主要用于延时精度要求不高的场合	机械结构简单、延时范围广、精度高、消耗功率小、调整方便及寿命长；适用于延时精度较高、控制回路相互协调需要无触点输出的场合

空气阻尼式时间继电器是交流电路中应用较广泛的一种时间继电器，主要由电磁系统、触点系统、空气室、传动机构、基座组成，其外形结构及符号如图4-51所示。

2.时间继电器的检测

（1）机械式时间继电器的检测 机械式时间继电器用万用表电阻挡（低挡位）或者蜂鸣挡检测。检测时间继电器的线圈是否良好，正常时应有一定的阻值，如果阻值过小为线圈烧毁，如果阻值过大或不通，说明线圈断了。因此，阻值根据额定电压不同而有所不同，无论过大或过小均为损坏。当时间继电器线圈为断电的时候，检测时间继电器控制的两组开关的常闭触点和常开触点是否正常。然后给继电器通入额定的工作电压，此时时间继电器应该动作。通电后如时间继电器不能够按照正常要求动作，说明机械传动部分和气囊有可能出现了故障，应进行更换。如可以正常动作，则再次测量常闭触点应断开，常开触点应接通，如图 4-52 所示。

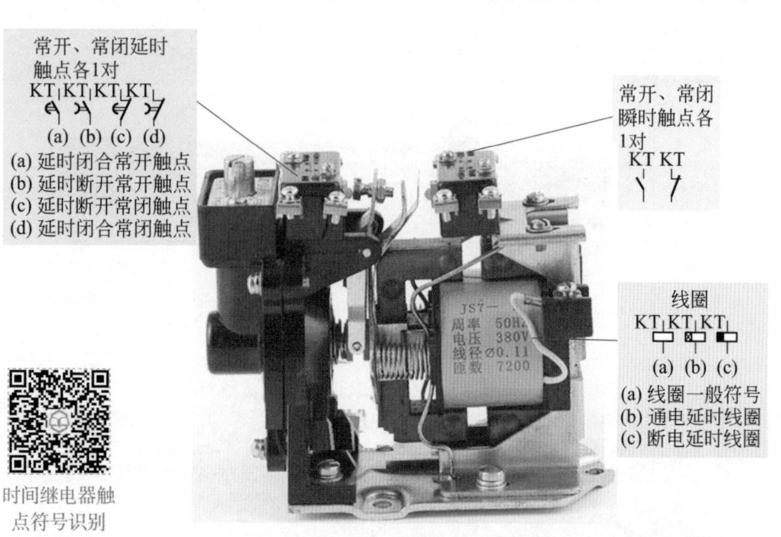

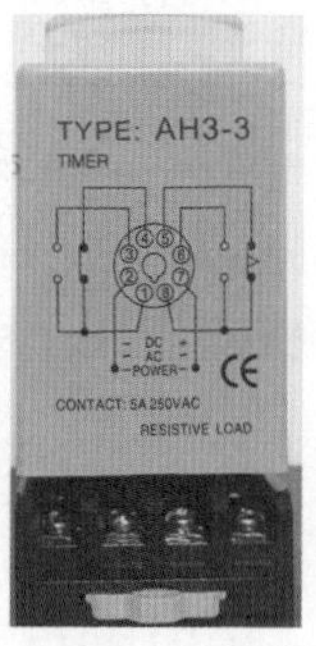

图4-51　时间继电器的外形结构及符号

（2）电子式时间继电器的检测　检修电子式时间继电器的时候，主要检查的是其常闭触点的接通状态和常开触点的断开状态。如图 4-53 所示。

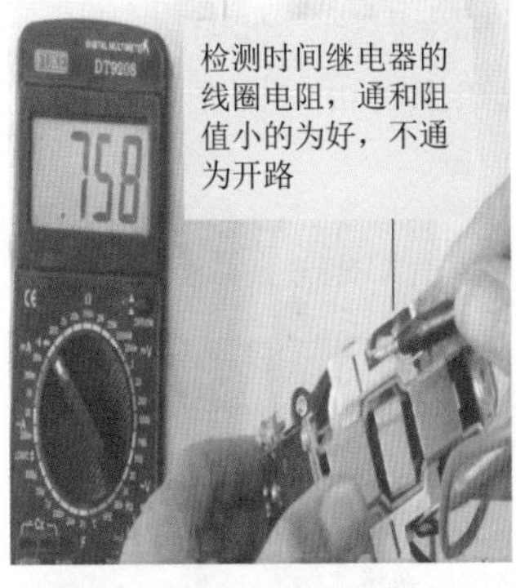

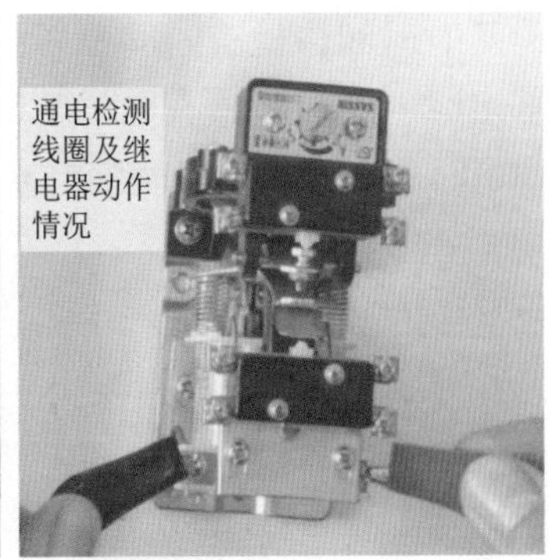

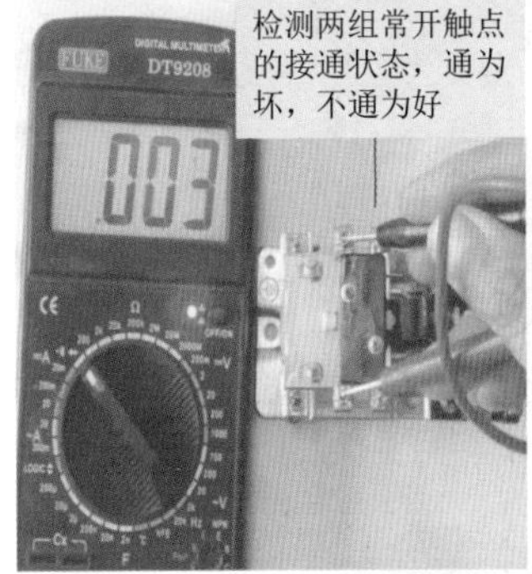

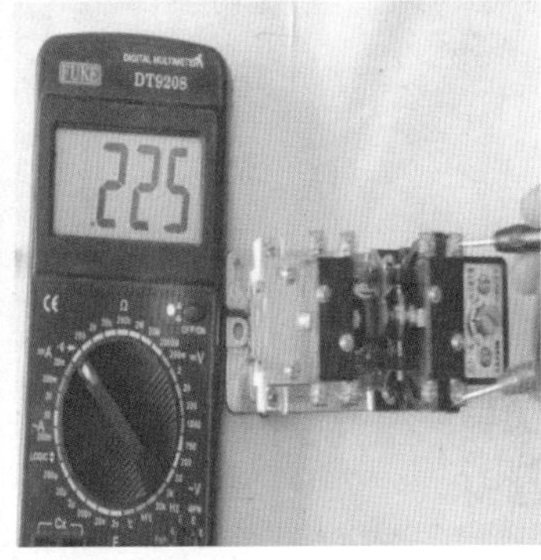

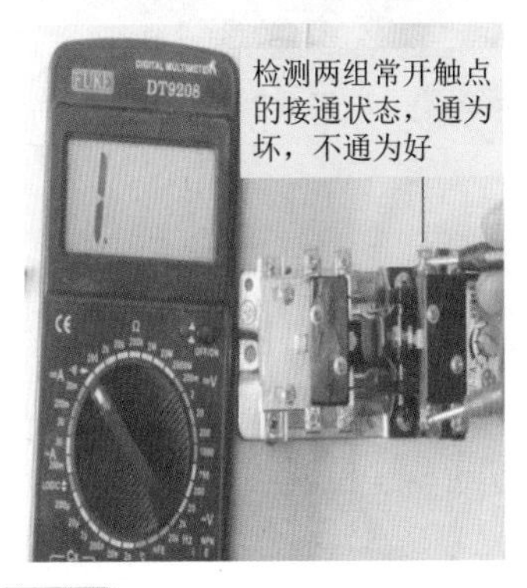

机械式时间继电器的检测

图4-52　机械式时间继电器的检测

如果电子式时间继电器的常闭触点和常开触点的接通、断开状态正常，可以给时间继电器加入合适的电压，观察其常开触点和常闭触点的接通和断开状态是否正常。同时调整电子式时间继电器的延时时间，检查时间是否是标准时间，如时间不正常，则为内部定时电路故障，有电子基础知识时可以拆开修理，无电子基础知识时应更换整个时间继电器。

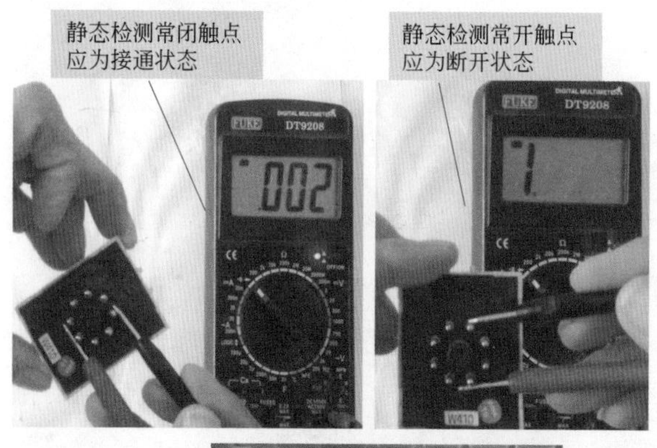

电子式时间继电器的检测

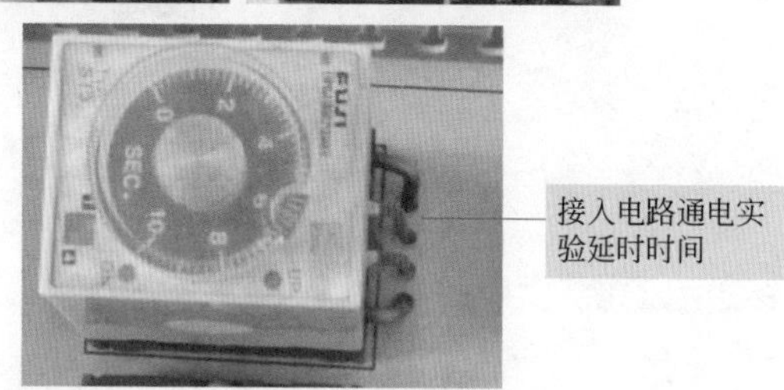

图4-53 电子式时间继电器的检测

十八 速度继电器

1. 速度继电器外形及结构

速度继电器的作用是以速度大小为信号与接触器配合，实现对电动机的反接制动。故速度继电器又称为反接制动继电器。速度继电器的结构如图 4-54 所示，实物如图 4-55 所示。速度继电器的电路符号如图 4-56 所示。

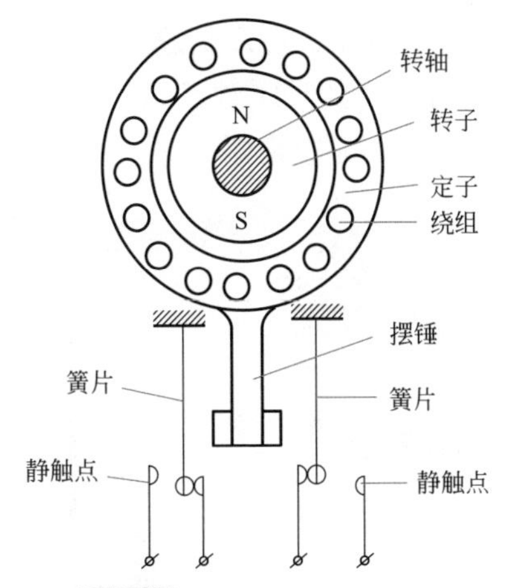

图4-54　速度继电器结构图

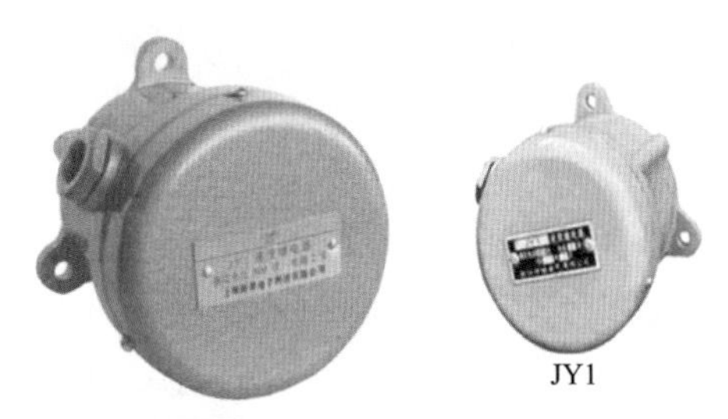

图4-55　速度继电器实物图

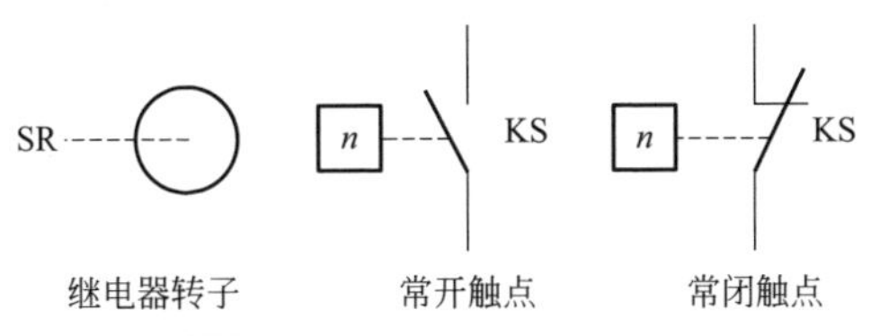

图4-56　速度继电器的电路符号

2.速度继电器的检测

用万用表电阻挡（低挡位）或者蜂鸣挡检测。速度继电器的检测，主要是在静态时检测它的常闭触点和常开触点的接通和断开状态。当良好时，如有条件可以给速度继电器施加旋转力，当速度继电器旋转的时候，其常闭触点会断开，常开触点会接通，如不符合上述规律则速度继电器损坏。

十九 接触器

1.接触器的用途和选择

（1）接触器的用途 接触器工作时利用电磁吸力的作用把触点由原来的断开状态变为闭合状态或由原来的闭合状态变为断开状态，以此来控制电流较大的交直流主电路和容量较大的控制电路。在低压控制电路或电气控制系统中，接触器是一种应用非常普遍的低压控制电器，并具有欠电压保护的功能，可以用它对电动机进行远距离频繁接通、断开的控制，也可以用它来控制其他负载电路，如电焊机等。

接触器按工作电流不同可分为交流接触器和直流接触器两大类。交流接触器的电磁机构主要由线圈、铁芯和衔铁组成。交流接触器的触点有 3 对主常开触点用来控制主电路通断；有 2 对辅助常开和 2 对辅助常闭触点实现对控制电路的通断。直流接触器的电磁机构与交流接触器相同，直流接触器的触点有 2 对主常开触点。

接触器的优点：使用安全、易于操作和能实现远距离控制、通断电流能力强、动作迅速等。缺点：不能分离短路电流，所以在电路中接触器常常与熔断器配合使用。

交、直流接触器分别有 CJ10 系列、CZ0 系列。03TB 是引进的交流接触器，CZ18 直流接触器是 CZ0 的换代产品。接触器的图形及文字符号如图 4-57 所示。

（2）接触器的选用原则 在低压电气控制电路中选用接触器

时，常常只考虑接触器的主要参数，如主触点额定电流、主触点额定电压、吸引线圈的电压等。

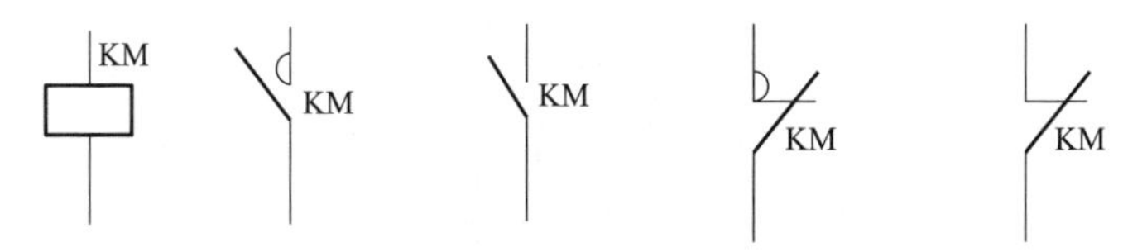

(a) 线圈 (b) 常开主触点 (c) 常开辅助触点 (d) 常闭主触点 (e) 常闭辅助触点

图4-57 接触器的图形符号和文字符号

接触器主触点的额定电压应不小于负载电路的工作电流，主触点的额定电流应不小于负载电路的额定电流，也可根据经验公式计算。

根据所控制的电动机的容量或负载电流种类来选择接触器类型，如交流负载电路应选用交流接触器来控制，而直流负载电路就应选用直流接触器来控制。

接触器的检测1

如图 4-58 所示为接触器实物，图 4-59 所示为交流接触器的外形结构及符号。

接触器的检测2

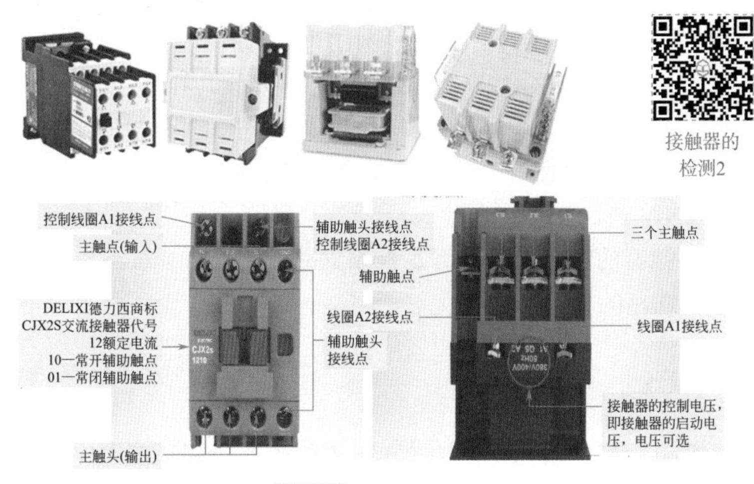

图4-58 接触器实物

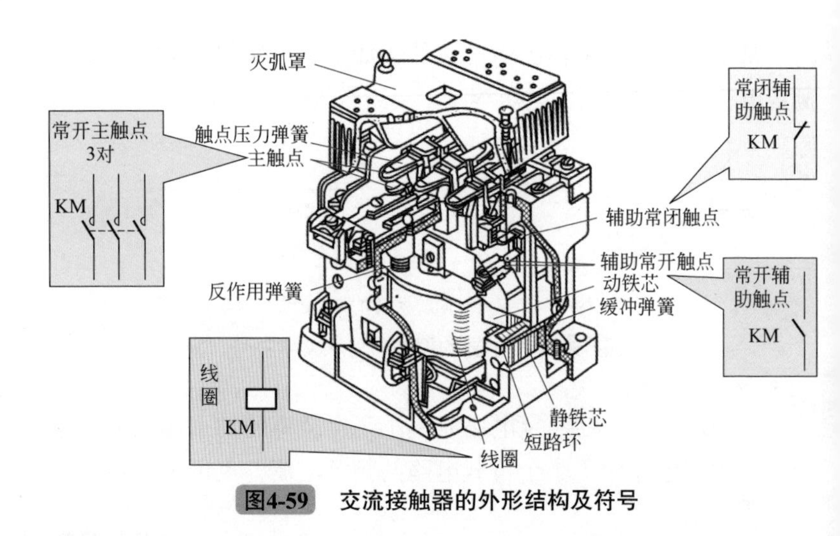

图4-59　交流接触器的外形结构及符号

交流接触器的额定电压有两个：一个是主触点的额定电压，由主触点的物理结构、灭弧能力决定；另一个是吸引线圈的额定电压，由吸引线圈的电感量决定。而主触点和吸引线圈额定电压是根据不同场所的需要而设计的。例如主触点380V额定电压的交流接触器的吸引线圈的额定电压就有36V、127V、220V与380V多种规格。接触器吸引线圈的电压选择，交流线圈电压有36V、110V、127V、220V、380V;直流线圈电压有24V、48V、110V、220V、440V。从人身安全的角度考虑，线圈电压可选择低一些，但当控制线路简单、线圈功率较小时，为了节省变压器，可选220V或380V。

接触器的触点数量应满足控制支路数的要求，触点类型应满足控制线路的功能要求。

2. 接触器的检测

用万用表电阻挡（低挡位）或者蜂鸣挡检测。首先检测其常开触点均为断开状态，然后用螺丝刀按压连杆，再检测接触器的常开触点，应为接通状态。然后用万用表检测电磁线圈应有一定的阻值，如阻值为零或很小，说明线圈短路，如阻值为无穷大则为线圈开路，应进行更换。当检测线圈为正常时，可以给接触器施加额定工作电压，此时接触器应动作，再用万用表检测常开触点应该为接通状态。如接通合适的工作电源后接触器不能动作，则说明接触器的机械控制部分出现了问题，应进行更换。如图4-60所示。

静态检测常开触点应为断开状态

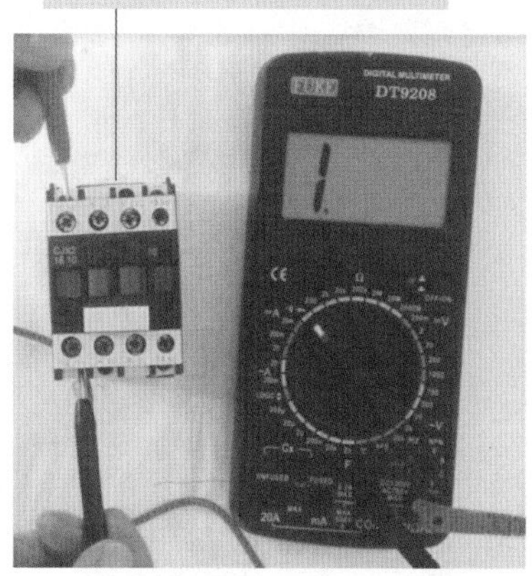

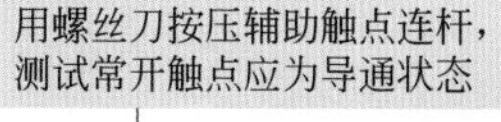

检测电磁线圈，应有一定阻值，
过小为断路，过大为开路

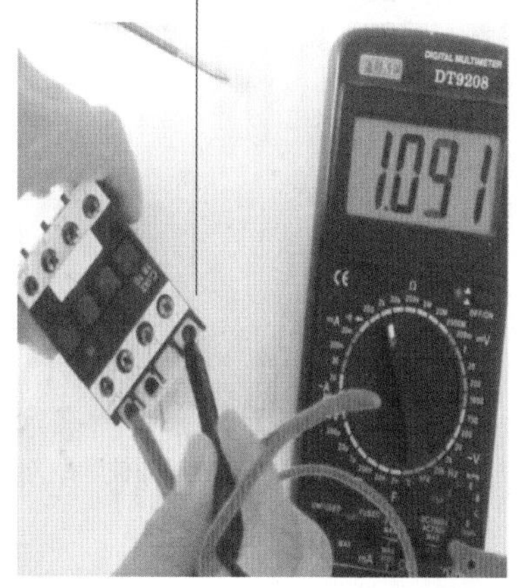

给线圈通电接触器应动作，
测试常开触点应接通

图4-60　接触器的检测

很多接触器当常开、常闭触点不够用的时候，可以挂接辅助触点。辅助触点一般有 2 组常闭 2 组常开触点（选用时可以根据实际情况选用不同型号）。在检测时可以先静态检测辅助触点的常闭和常开触点的接通和断开状态，然后将辅助触点挂接在接触器上给接触器通电，再分别用万用表电阻挡（低挡位）或者蜂鸣挡检测其常闭触点和常开触点的工作状态，如常闭触点和常开触点不能正常接通或断开，应更换触点。如图 4-61 所示。

静态测试辅助触点，常开触点不通、常闭触点应接通

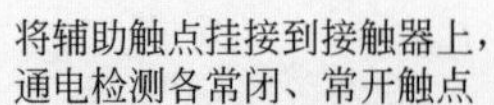

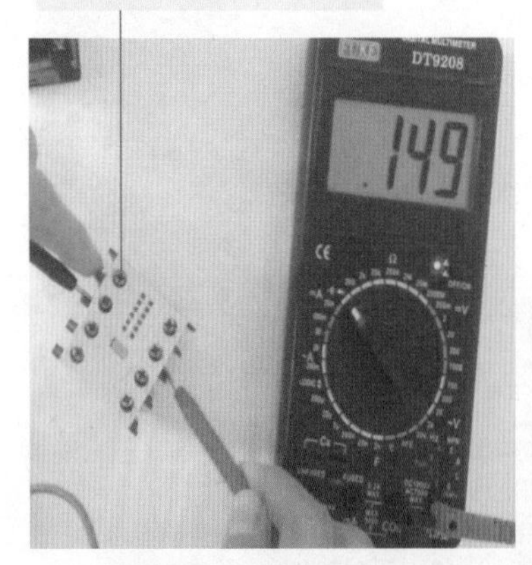

图4-61　辅助触点接到接触器上时，通电检测各常闭、常开触点

二十　电磁铁

1. 电磁铁的用途及分类

电磁铁是一种把电磁能转换为机械能的电气元件，被用来远距离控制和操作各种机械装置及液压、气压阀门等。另外，它可以作为电器的一个部件，如接触器、继电器的电磁系统。

电磁铁是利用电磁吸力来吸持钢铁零件，操纵、牵引机械装

置以完成预期的动作等。电磁铁主要由铁芯、衔铁、线圈和工作机构组成，类型有牵引电磁铁、制动电磁铁、起重电磁铁、阀用离合器等。常见的制动电磁铁与 TJ2 型闸瓦制动器配合使用，共同组成电磁抱闸制动器。如图 4-62 所示。

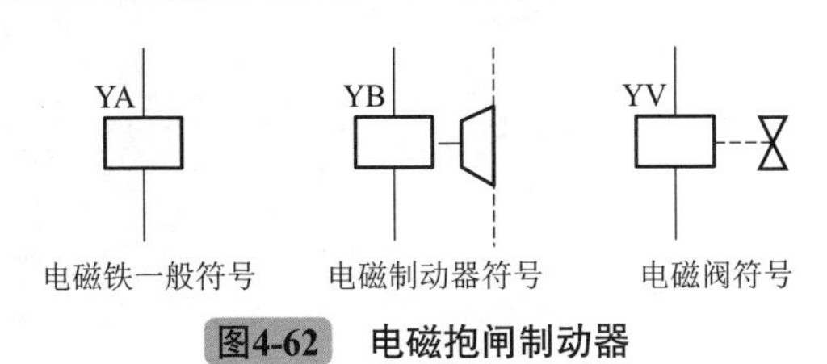

图4-62　电磁抱闸制动器

如图 4-63 所示为电磁铁的实物。

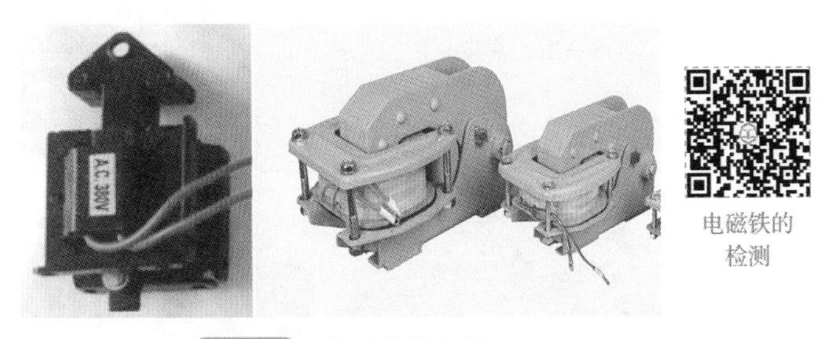

图4-63　电磁铁的实物

2. 电磁铁的检测

用万用表电阻挡（低挡位）或者蜂鸣挡检测。检测电磁铁时，首先用万用表检测电磁铁的线圈，正常情况下电磁铁的线圈应有一定的阻值，其额定工作电压越高，阻值越大，如检测电磁铁线圈阻值很小或为零，说明线圈短路，线圈阻值为无穷大，则说明线圈开路。如图 4-64 所示。

当线圈正常时，应检测电磁铁的动铁芯的动作状态是否灵活，如有卡滞现象为动铁芯出现了问题；当动铁芯能够灵活动作时，可以给电磁铁通入额定的工作电压，此时动铁芯应快速动作。如

图 4-65 所示。

图4-64　电磁铁的检测

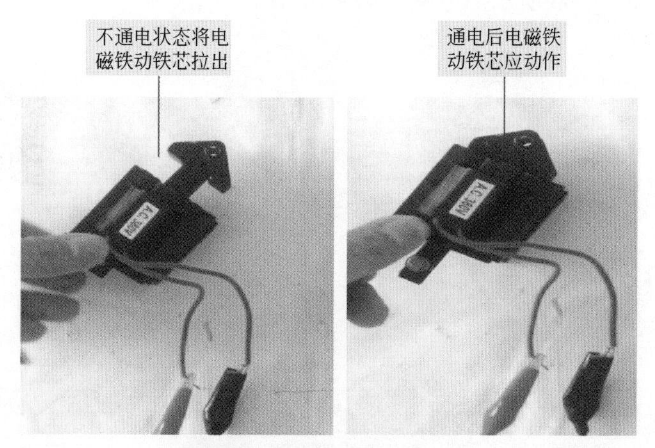

图4-65　电磁铁动铁芯的动作

二十一　变频器

1. 变频器的作用与结构

变频器广泛应用于各种电动机控制电路，可对电动机实现启动、多种方式运行及频率变换调速控制，是目前工控设备应用比较普遍的控制器。变频器种类很多，但主电路结构大同小异，典型的外形与内部电路及主电路结构如图 4-66、图 4-67 所示。它由整流电路、限流电路（浪涌保护电路）、滤波电路（储能电路）、高压指示电路、制动电路和逆变电路组成。对于变频器，一般小信号电路很少出故障，多为开关电源及主电路出故障。

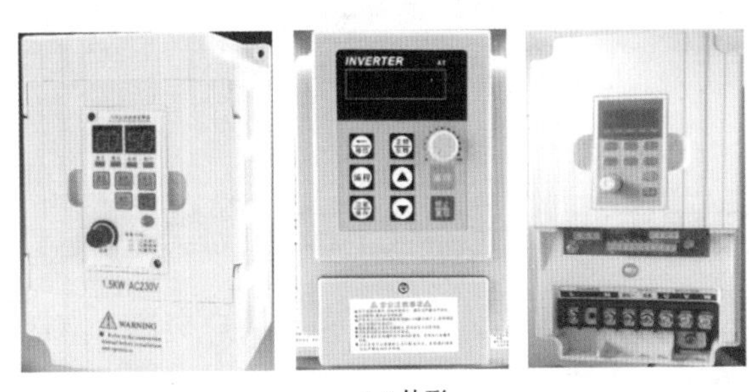

(a) 外形

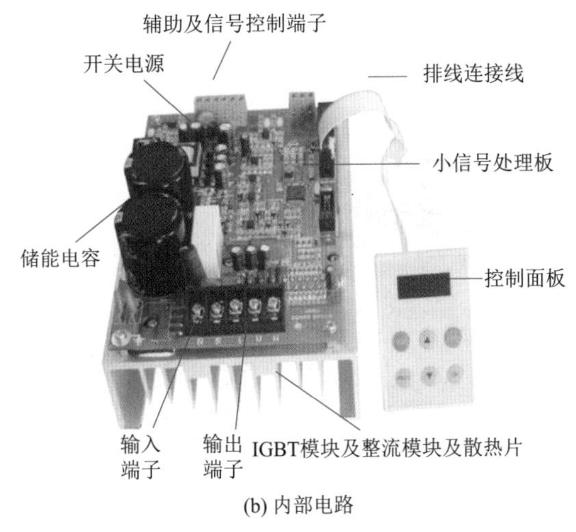

(b) 内部电路

图4-66　变频器外形与内部电路

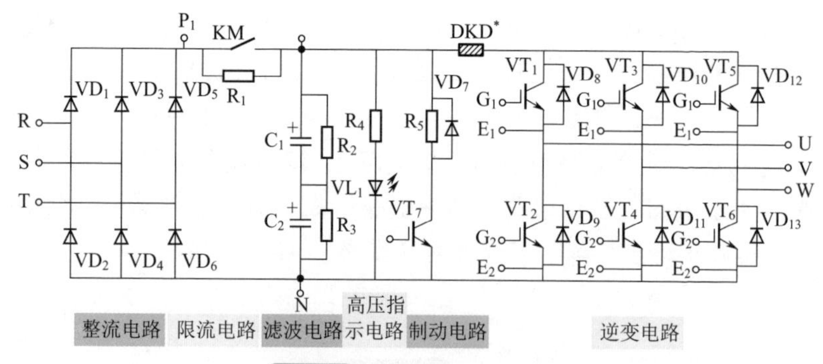

图4-67　典型的主电路结构

2.用万用表检测一体化IGBT模块

对用户送修的变频器，一定要先与用户交流，掌握使用和损坏的大致情况。变频器接手后，不要忙于通电检查，可先用万用表的电阻挡（数字式万用表的二极管挡、指针式万用表 $R\times100$ 或 $R\times1\text{k}$ 挡），分别测量 R、S、T 3 个电源端子对正、负端子之间的电阻值，如图 4-68 所示。

图4-68　检测输入电路

其他变频器直流回路正、负端标注为 P、N，打开机器外壳后在主电路或电路板上可找到测量点。另外，直流回路的储能电容是个比较显眼的元件，由 R、S、T 端子直接搭接储能电容的正、负极进行电阻测量，也比较方便。除此之外，还应检测输入与输出端子之间的电阻，如图 4-69 所示。

图4-69　检测输入与输出端子之间的电阻

R、S、T 3 个电源端子对正、负端子之间的电阻值，反映了三相整流电路的好坏。如图 4-70 所示，U、V、W 3 个输出端子对正、负端子之间的电阻值，则能基本上反映 IGBT 模块的好坏。将整流和逆变输出电路简化一下，输入、输入端子与直流回路之间的测量结果便会一目了然。如图 4-71 所示。

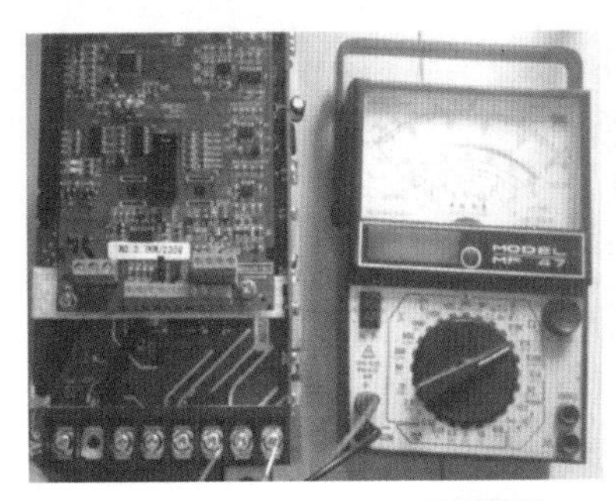

图4-70　检测输出端电阻

$VD_1 \sim VD_6$ 为输入三相整流电路，R 为充电电阻，KM 为充电接触器。C_1、C_2 为串联储能电容。$VD_7 \sim VD_{12}$ 为三相逆变电路中 6 只与 IGBT 两端反向并联的二极管。IGBT 除非在漏电和短路状态能测出电阻的变化，对逆变输出的电路我们能实际测出的只是 6 只二极管的正、反向电阻值。这样一来，整个变频器主电路的输入整流和输出逆变电路，相当于两个三相桥式整流电路。

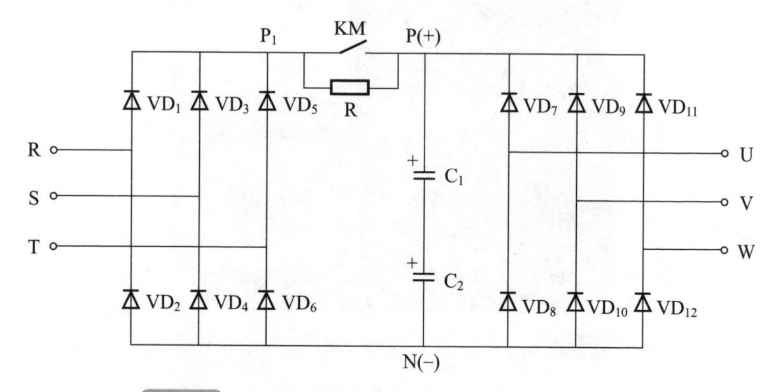

图4-71 变频器主电路端子正、反向电阻等效图

用数字式万用表测量二极管，将 R、S、T 搭接红表笔，P(+)端搭接黑表笔，测得的是整流二极管 VD_1、VD_3、VD_5 的正向压降，为 0.5V 左右，数值显示为“.538”（图 4-72）；如将表笔反接，则所测压降为无穷大。如用指针式万用表黑表笔搭接R、S、T端，红表笔搭接 P(+) 端，则显示 7kΩ 正向电阻；表笔反接，则显示数百千欧。因充电电阻的阻值一般很小，小功率机型为几十欧，测量中可将其忽略不计，但测其 R、P_1 正向电阻正常，而 R、P(+) 之间正向电阻无穷大（或直接测量 KM 常开触点之间电阻为无穷大），则说明充电电阻已经开路了。

整流电路中 VD_2、VD_4、VD_6 及 U、V、W 端子对 P(+)、N(−)端子之间的测量，也只能通过测量内部二极管的正、反向电阻的情况来大致判定 IGBT 的好坏。

需说明的是，桥式整流电路用的是低频整流二极管模块，正向压降和正向电阻较大，同于一般的硅整流二极管。而 IGBT 上反射并联的 6 只二极管是高速二极管，正向压降和正向电阻较小，正向压降为 0.35V 左右，指针式万用表测量正向电阻为 4kΩ 左右。

图4-72　整流桥输入端

以上讲到对端子电阻的测量只是大致判定 IGBT 的好坏，尚不能最后认定 IGBT 的好坏，还需进一步测量验证。如何检测 IGBT 的好坏？得首先从 IGBT 的结构原理入手，找到相应有效的测量方法。图 4-73 所示为 IGBT 等效电路和单 / 双管模块引脚图。

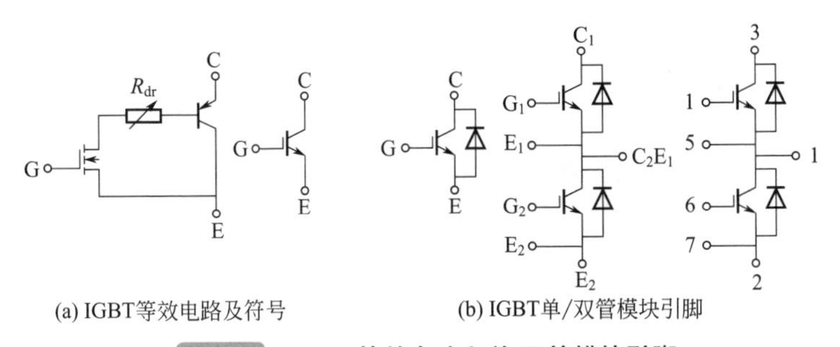

(a) IGBT等效电路及符号　　(b) IGBT单/双管模块引脚

图4-73　IGBT等效电路和单/双管模块引脚

单 / 双管模块常在中功率机型中得到应用。大功率机型将其并联使用，以达到扩流的目的。图 4-74 所示模块将整流集成于一体。另外，有的一体化（集成式）模块，将制动单元和温度检测电路也集成在内。

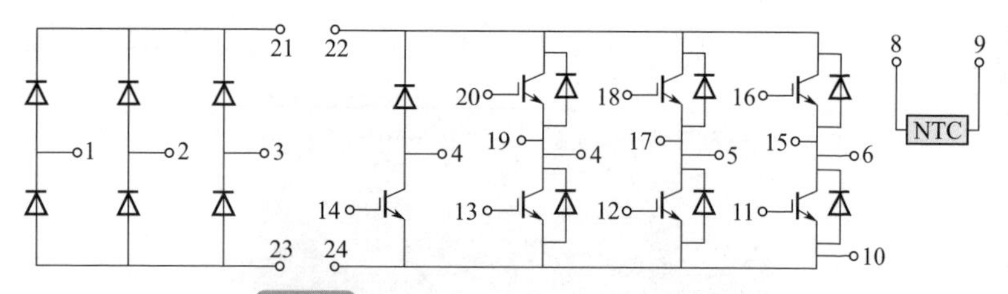

图4-74 FP25R12KE3单机模块原理图

（1）在线测量 上述测量方法仅是在输入、输出端子与直流回路之间进行的，是在线测量方法的一种，对整流电路的开路与短路故障检测较好，但逆变电路还需进一步在线测量以判断好坏。

① 打开机器外壳，将CPU主板和电源板、驱动板两块电路板取出，记住排线、插座的位置，插头上无标记的，应用油性记号笔标上标记。取下两块电路板后，剩下的就是主电路了。直接测量逆变模块的 G_1、E_1 和 G_2、E_2 之间的触发端子电阻，都应为无穷大，如果驱动板未取下，模块是与驱动电路相连接的，则 G_1、E_1 触发端子之间往往并接有10kΩ电阻。有了正、反电阻值的偏差，在排除掉驱动电路的原因后，则证明逆变模块已经损坏。如图4-75所示。

图4-75 在线检测IGBT

② 触发端子的电阻测量正常，一般情况下认为逆变模块基本上是好的，但此时宣布该模块绝无问题仍为时过早。

（2）脱机测量　此法常用于大功率单 / 双管模块和新购进一体化模块的测量。

将单 / 双管模块脱开电路后（或为新购进的模块），可采用测量场效应晶体管（ MOSFET）的方法来测试该模块。MOSFET 的栅 - 阴极间有一个结电容存在，故由此决定了极高的输入阻抗和电荷保持功能。对于 IGBT，存在 G、E 极间的与 C、E 极之间的结电容，利用其 G、E 极之间的结电容的充电、电荷保持、放电特性，可有效检测 IGTB 的好坏。方法是将指针式万用表拨到 $R \times 10$k 挡，黑表笔接 C 极，红表笔接 E 极，此时所测量电阻值近乎无穷大；搭好表笔不动，用手指将 C 极与 G 极碰一下并拿开，指示由无穷大阻值降为 200kΩ 左右；过一二十秒后，再测一下 C、E 极间电阻（仍是黑表笔接 C 极，红表笔接 E 极），仍能维持 200kΩ 左右的电阻不变；搭好表笔不动，用手指短接一下 G、E 极，C、E 极之间的电阻又可重新接近无穷大。

实际上，用手指碰一下 C、G 极，是经人体电阻给栅 - 阴极结电容充电，拿开手指后，电容无放电回路，故电容上的电荷能保持一段时间。此电容上的充电电压为正向激励电压，使 IGBT 出现微导通，C、E 极之间的电阻减小，第二次用手指短接 G、E 极时，提供了电容的放电通路，随着电荷的泄放，IGBT 的激励电压消失，管子变为截止，C、E 极之间的电阻又趋于无穷大。

手指相当于一只阻值为数千欧的电阻，提供栅 - 阴极结电容充、放电的通路；因 IGBT 的导通需较高的正向激励电压（10V 以上），所以使用指针式万用表的 $R \times 10$k 挡（此挡位内部电池供电为 9V 或 12V），以满足 IGBT 激励电压的幅度。用指针式万用表的电阻挡，黑表笔接内部电池的正极，红表笔接内部电池的负极，因而黑表笔为正，红表笔为负。这种测量方法只能采用指针式万用表。

对触发端子的测量，还可以配合电容表测其容量，以增加判断的准确度。往往功率容量大的模块，两端子间的电容值也稍大。

下面为双管模块CM100DU-24H和SKM75GB128DE及集成式模块FP25R12KE3，用MF47C指针式万用表的$R\times10\mathrm{k}$挡测量出的数据。

CM100DU-24H模块：主端子C_1、C_2、E_1、E_2；触发端子G_1、E_1、G_2、E_2；触发后C、E极间电阻为250kΩ；用电容表200nF挡测量触发端子电容为36.7nF，反测（黑表笔搭G极，红表笔搭E极）为50nF。

SKM75GB128DE模块：主端子同上，触发后C、E极间电阻为250kΩ；触发端子电容，正测为4.1nF，反测为12.3nF。

FP25R12KE3集成模块：也可采用上述方法，触发后C、E极间电阻为200kΩ左右；触发端子电容正测为6.9nF，反测为10.1nF。

脱机测量得出的结果数值仅是一大概数值，不同批次的模块会有差异，只能基本上判定IGBT的好坏，但仍不是绝对的，因为半导体元件存在特性不良现象。

在线测量或脱机测量之后的通电测量，才能最后确定模块的好坏。通电后先空载测量三相输出电压，其中不含直流成分，三相电压平衡后，再带上一定负载，一般达到5A以上负载电流，逆变模块导通、内阻变大的故障便能暴露出来。

3.主电路中其他主要元器件的万用表检测

变频器主电路中的主要器件有三相整流桥（模块）、限流（充电）电阻、充电接触器（或继电器）、储能（滤波）电容和逆变功率电路（由分立IGBT、IGBT功率模块等构成）五部分。其中三相整流电桥有三相和单相。三相整流桥为五端器件，三个端子输入三相 380V 交流电，从两个输出端子输出 300Hz 的脉冲直流。

常见整流模块的外形及结构如图 4-76 所示。

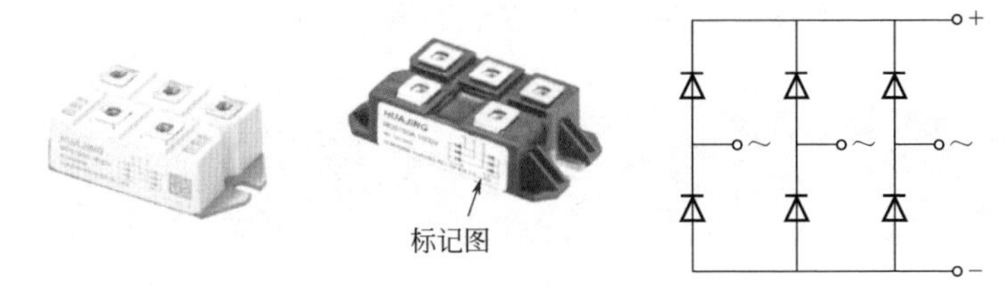

图4-76　常见整流模块的外形及结构

储能电容多使用高耐压大容量的电解电容，在线检测如图 4-77 所示。

图4-77　在线检测储能电容

第五章

万用表检测强电线路及设备

一 测量导线的绝缘性能

导线或电缆在正常情况下，其外皮应该是绝缘的。在使用一段时间后，由于各种原因，有可能使其绝缘性能下降，绝缘电阻减小，从而导致漏电流增大。为了避免漏电现象所造成的人身或设备事故，需要采用专门的绝缘电阻表对导线或电缆的绝缘进行检查。如果手头没有绝缘电阻表，可用万用表的电阻挡来进行检测，判断其绝缘线芯与外皮间的绝缘情况。指针式万用表或数字式万用表均可。测试电路如图 5-1 所示，具体做法如下：

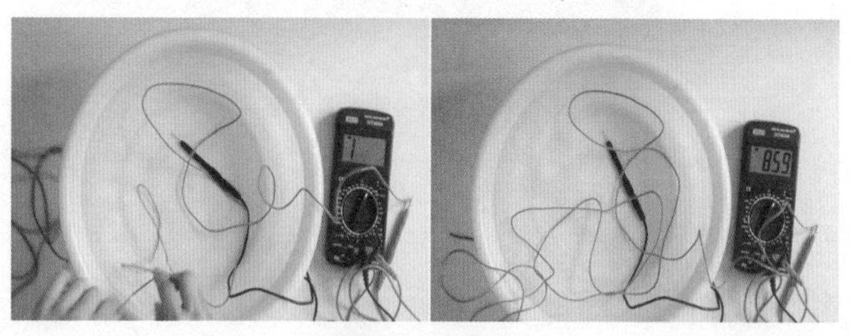

图5-1 测试电路

① 将万用表的量程转换开关旋转至 $R\times 1k$ 或 $R\times 10k$ 挡。

② 把被测绝缘导线的一端剥皮，并且红表笔接触线芯。

③ 用盆装半盆水，并将黑表笔投入水中（水是导电体）。

④ 用手缓缓拉动导线从水中滑过，如果电线外皮无损，则外皮与线芯之间的绝缘电阻会很大，此时万用表将指示在电阻为“∞”的位置或显示溢出标志“1”。

⑤ 如果在拉动导线过程中，万用表指示接近“0”，表明导线外皮与线芯间绝缘的性能下降或发生绝缘短路现象，此处的外皮已经破损。对外皮破损的地方可做上标记，再继续检查别处的绝缘情况。

二 判断相线和中性线

在低压配电线路上，尤其是建筑物的室内布线，为了室内的美观，也为了线路的经久耐用，往往需要暗线穿管敷设。在敷设过程中，有时需要寻找哪条是相线，哪条是中性线。使用万用表可以非常便捷地判断出相线（火线）和中性线（零线）。

火线与零线的判断

1. 接触式测量

（1）使用指针式万用表判断 指针式万用表判别方法如图 5-2 所示。万用表置于交流电压“10V”或“50V”挡，将黑表笔线缠绕几道后用手紧握（不要接触表笔的金属部分），用红表笔笔尖依次碰触电源插座上的两个插孔（或两根电线的裸露处），其中表针向右偏转幅度较大的一次，红表笔碰触的即为相线，另一次为中性线。

（2）使用数字式万用表判断 数字式万用表电压挡具有高达 10MΩ 的输入阻抗，更适合用来判别市电的相线与零线。判别方法是，选择数字万用表的交流电压“200V”或“700V”挡，一手紧握黑表笔线（不要接触表笔的金属部分），用红表笔笔尖依次碰触电源插座上的两个插孔（或两根电线的裸露处），其中显示值较大的一次所触碰的是火线，另一次所触碰的则是零线。如图 5-3 所示。

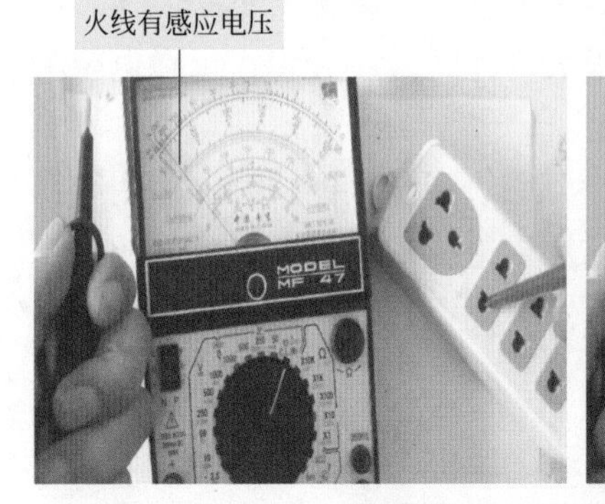

图5-2　使用指针式万用表判断

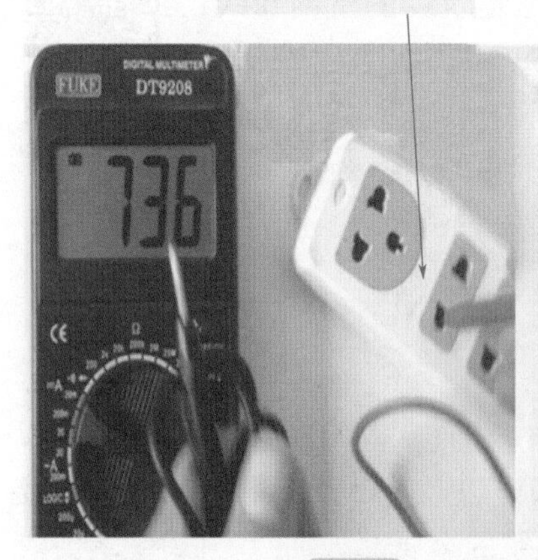

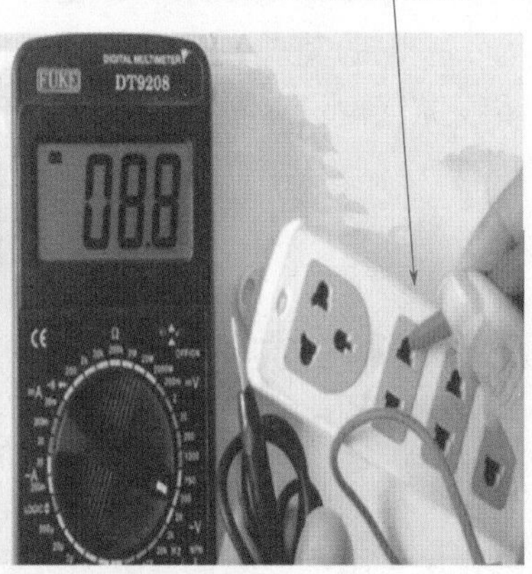

图5-3　使用数字式万用表判断

2. 非接触式测量

非接触式测量使用数字表和指针表均可，但使用数字表更为直观，如图 5-4 所示。具体方法是：

① 将数字式万用表的转换开关旋转到“200V”（或 20V）交流电压挡，红表笔接入“VΩ”插孔，黑表笔悬空或拔下。

② 将万用表的红表笔（正极性）依次碰触两根导线的外皮，其中读数较大的一次便是火线。在碰触时，由于表笔不直接接触导线的芯线，其读数完全是感应出来的电压，此电压比较微弱，故选择 20V 挡效果较好。

例如，采用 DT9801 型数字式万用表，将转换开关旋转至“20V”交流电压（ACV）挡，在通电线路的两根塑料导线中，判断哪一根是相线。

具体做法是：先把两根导线被测端分开 2 ～ 3cm，红表笔笔尖再去接触另一根导线外皮或插座某孔，其显示值为 0V 以上电压。据此可判断出测得电压为 0V 以上且高的一次的导线或插座孔是相线，而测得电压较低的导线是中性线。

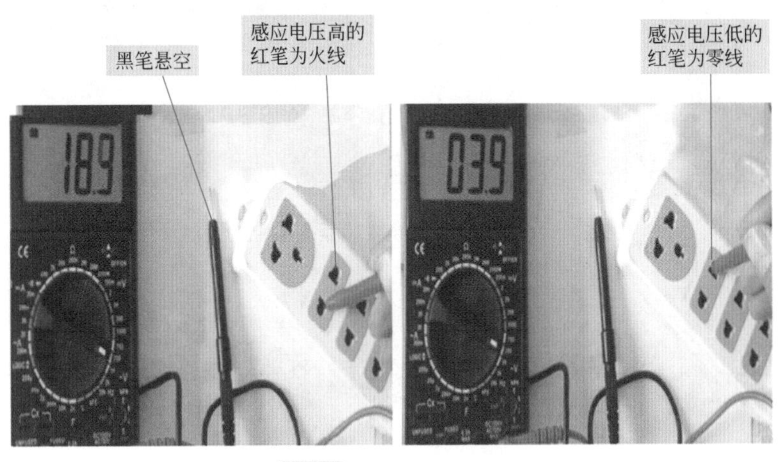

图5-4　非接触式测量

三　判断电线（或电缆）断芯位置

由于电动力效应或热效应等原因，导致导线或电缆发热、老

电缆断线的检测

化等，会造成导线或电缆线芯损伤甚至断裂。一般不剥去绝缘无法明确找出断裂部位。可使用万用表对绝缘导线或电缆断裂部位进行准确、方便的判断，进而将其损坏部位修复，继续使用。判断测试接线如图 5-5 所示。

把断芯的绝缘线一端接 220V 交流电源的火线，另一端悬空。数字式万用表拨至交流 2V 挡，从接火线那端开始，将红表笔沿着导线的绝缘皮移动，显示出的电压值应在零点几伏。若红表笔移到某一处时电压突然降到零点零几伏（大约降到原来的 1/10），则说明此处的芯线已断。

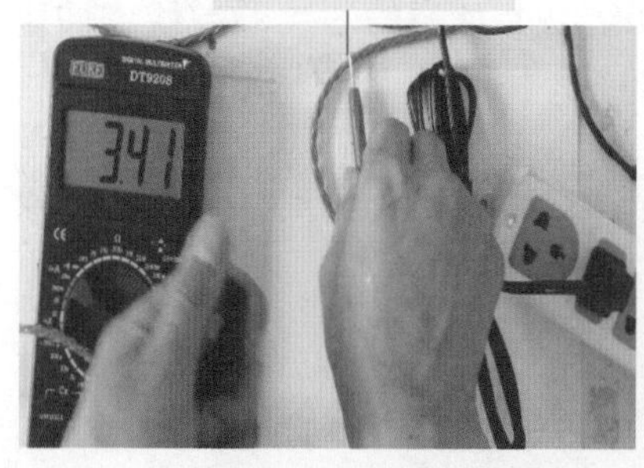

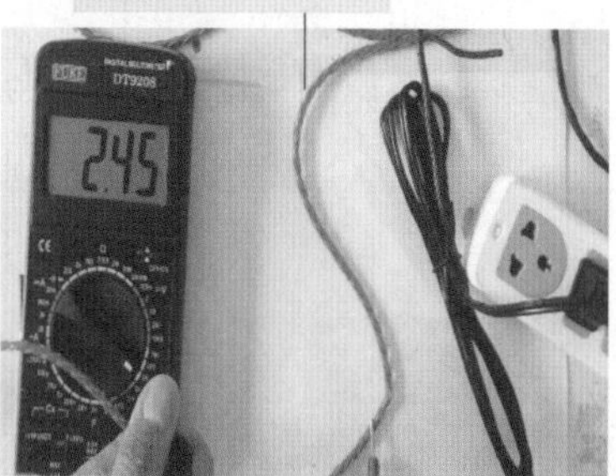

图5-5　判断导线或电缆线芯断裂部位的测试接线

四　检查设备漏电

我国的安全电压等级为：42V、36V、24V、12V 和 6V。在一定条件下，当超过安全电压规定值时，应视为危险电压。

电气设备在长期运行使用中，由于发热、过载等原因有可能造成设备的绝缘下降，发生漏电现象，使设备的外壳带电。设备外壳对地电压一旦超过安全电压，很容易发生人身触电事故。因此，必须对设备进行定期或不定期检查。导致电气设备外壳带电的原因主要有：电气设备接线错误、设备的绝缘下降、保护接地线（或接零）接触不良或断路等。

下面介绍用数字式万用表ACV挡判别电气设备金属外壳是否带电的具体方法。

设备是否漏电的检测

将数字万用表的量程拨在交流“200V”挡，将黑表笔拨下，红表笔插在“VΩ”插孔，并将红表笔接在设备的金属外壳上，此时若显示值为零，说明被测设备外壳不带电。如果显示值在15V以上，表明设备外壳已有不同程度的漏电现象。如果显示值比较小（≤15V），可将黑表笔插入“COM”插孔，并将其测试线在左手的四个指头上绕三匝以上。注意手不要触及黑表笔，然后再用右手持红表笔去测试设备的金属外壳，若这时万用表上读数明显增大到15V以上，说明设备外壳已带电。如图5-6所示。

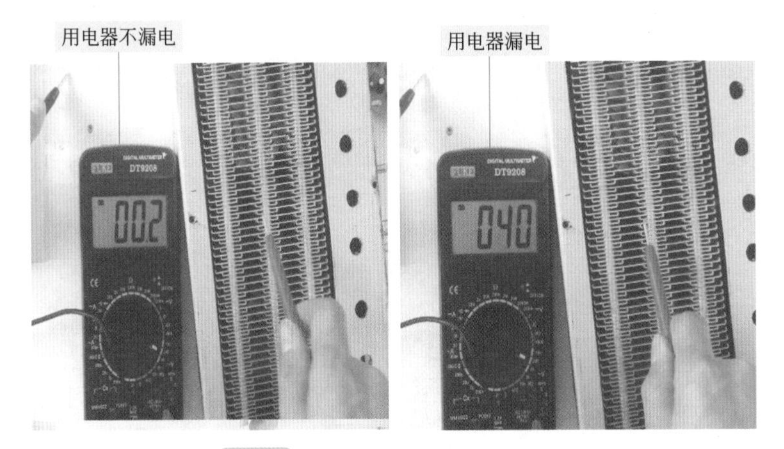

图5-6　使用万用表检查设备漏电

五　判断暗敷线路走向

家庭室内电线，为了房间的美观，一般都是以暗敷方式装饰在墙内，很难直观判断出装设在墙内电线的走向。本例介绍用万用表对墙内电源线走向进行判断的方法，判断测试接线如图 5-7 所示。

用指针式万用表或数字式万用表均可，本例用数字式万用表判断。其具体做法如下：

① 将数字式万用表的转换开关旋转至低电压交流电压挡，最好是“mV”挡。红表笔的插头插入“VΩ”插孔，黑表笔的插头插入“COM”插孔，黑表笔的测试端接地（接在金属水管或潮湿地面）。

② 红表笔从被测的电源线开始处（电源插座）紧靠着墙移动，在显示屏上有数字显示，显示的数字越大，表明离电源线越近，反之，显示值变小，说明表笔已偏离电源线。根据这种测试结果可判断出暗敷在墙内电源线的走向。

图5-7　用万用表判断墙内电源线走向的接线

六　检测是否接地

① 首先用试电笔确定墙壁上或者三脚电源插板上哪一个孔是

火线孔（一般是上地左零右火，但有时零、火会接反）。

② 用电压挡判断是否有接地线。把万用表旋钮转到交流电压“250V”挡，注意一定要是交流挡！把红表笔插在火线孔，黑表笔分别测量火线与零线之间电压、火线与地线之间电压，如果电压值一致，均是220V，说明接了地线，接地良好。若没有接地线，则火线与地线间就没有电压。测量零线与地线间的电压，应该为零。

③ 用电阻挡判断接地线　用万用表高阻挡在断电情况下测量接地线与地之间的阻值（可以在地上洒点水），如果阻值较小则说明接地，有阻值但较大，说明接地不良，若阻值为无穷大，则接地线开路。

第六章

用万用表检修电动机

一　步进电机的检测

空调等家用电器中多使用脉冲步进电机，如图 6-1 所示。结构原理如下：这是一种三相反应式步进电机，定子中每相的 1 对磁极只有 2 个齿，3 对磁极有 6 个齿。转子有 4 个齿分别为 0、1、2、3，当直流电压 $+U$（+12V）通过开关 K 分别对步进电机的 A、B、C 相绕组轮流通电时，就会使电机做步进转动。

初始状态时，开关 K 接通 A 相绕组，即 A 相磁极和转子的 0、2 号齿对齐，同时转子 1、3 号齿和 A、C 相绕组磁极形成错齿状态。K 从 A 相绕组拨向 B 相绕组后，由于 B 相绕线和转子的 1、3 号齿之间磁力线作用，使转子 1、3 号齿和 B 相磁极对齐，即转子 0、2 号齿和 A、C 相绕组磁极形成错齿状态，当开关 K 从 B 相绕组拨向 C 相绕组时，由于 C 相绕组和转子 0、2 号齿之间磁力线作用，使转子的 0、2 号齿和 C 相磁吸对齐，此时 1、3 号齿和 A、B 相绕组磁极产生错齿。当开关 K 从 C 相再拨回 A 相时，由于 A 相磁极和 1、3 号齿之间磁力线作用，使 1、3 号齿和 A 相磁极对齐，这时转子 0、2 号齿和 B、C 相磁极产生错齿。此时转子齿移动了一个齿距角。

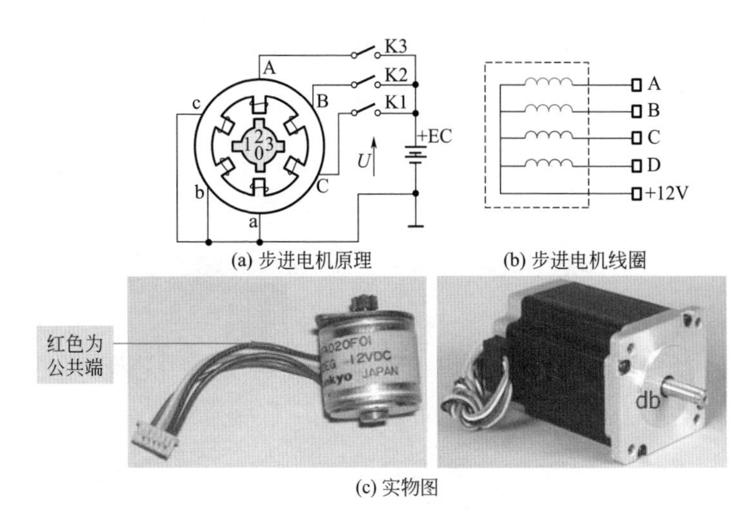

(a) 步进电机原理　(b) 步进电机线圈

(c) 实物图

图6-1 步进电机

对一相绕组通电的操作称一拍，对三相反应式步进电机 A、B、C 三相轮流通电需要三拍，以上分析可以看出，转动一个齿距角需要三拍操作。由于步进电机每一拍就执行一次步进，所以步进电机每一 步所转动的角度称步距角。

电源供电方式除单相三拍 A → B → C → A 外，还有双三拍，其通电顺序为：AB → BC → CA → AB 和六拍 A → AB → B → BC → B → CA → A。AB 表示 A 与 B 两相绕组同时通电。

空调器脉冲导风步进电机一般有 5 根引出线，1 根是线圈分用端，接电源 12V，其他 4 根分别为 A、B、C、D 四相不同的绕组。其线圈结构分上、下两层，每一层利用双线并绕，并将绕组两根线头接到一起引出，作为公用端接直流电源“+12V”，令两根尾引出作为其他两相的引出线。同理，另一层的绕组接法和此相同。另外，步进电机内部还增加了齿轮机构，所以转速较低，能正、反转。

在实际测量中，用低阻值电阻挡测量公共端（多为红色线）

与其他接线的阻值，所测出的阻值应相等为好，如果阻值相差较大或者有不通的，为坏。如图 6-2 所示。

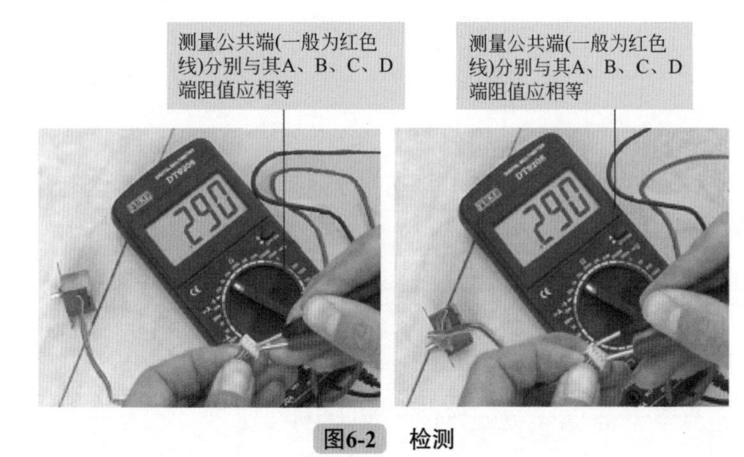

图6-2　检测

二　多种单相电动机的检测与维修

1. 单相电动机的检测方法

单相电动机由启动绕组和运转绕组组成定子。启动绕组的电阻大，导线细（俗称小包）。运转绕组的电阻小，导线粗（俗称大包）。单相电动机的接线端子有公共端子、运转端子（主线圈端子）、启动线圈端子（辅助线圈端子）。

在单相异步电动机的故障中，有大多数是由电动机绕组烧毁造成的。因此在修理单相异步电动机时，一般要做电器方面的检查，首先要检查电动机的绕组。

单相电动机的启动绕组和运转绕组的分辨方法：用万用表的 $R\times1$ 挡测量公共端子、运转端子（主线圈端子）、启动线圈端子（辅助线圈端子）三个接线

单相电机绕组好坏判别

端子的每两个端子之间电阻值。测量时按下式（一般规律，特殊除外）。

总电阻= 启动绕组电阻+运转绕组电阻

已知其中两个值即可求出第三个值。

小功率的压缩机用电动机的电阻值见表 6-1。

表 6-1　小功率电动机阻值

电动机功率/kW	启动绕组电阻/Ω	运转绕组电阻/Ω
0.09	18	4.7
0.12	17	2.7
0.15	14	2.3
0.18	17	1.7

2. 电容正反向运行式电动机的检测

① 结构：洗衣机洗涤电动机的主副绕组匝数及线径相同，如图 6-3 所示。

② 控制电路如图 6-4 所示。C1 为运行电容，K 可选各种形式的双投开关。

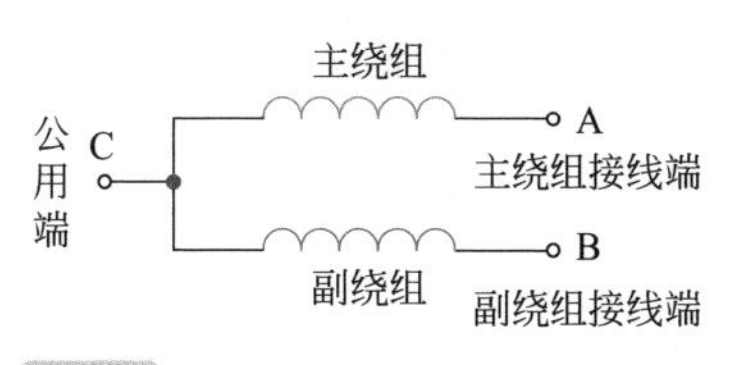

图6-3　电容正反向运行式电动机

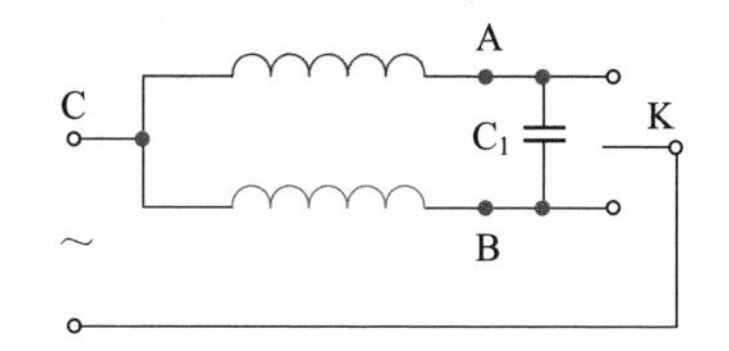

图6-4　电容正反向运行式电动机正反转控制电路

③ 主副绕组及接线端子的判别：用历用表（最好用数字表）电阻挡测 CA、CB、AB 阻值，测量中阻值最大的一次为 AB 端，另一端为公用端 C。当找到 C 后，测 C 与另两端的阻值，两绕组

阻值相同，说明此电动机无主副绕组之分，任一个绕组都可为主，也可为副。在实际测量中，不同功率的电动机阻值不同，功率小的阻值大，功率大的阻值小。如图 6-5 所示。

④ 与外壳绝缘测量，用万用表（最好用数字表）电阻挡高阻挡测 CBC 与外壳的阻值，显示溢出（无穷大）为绝缘良好。

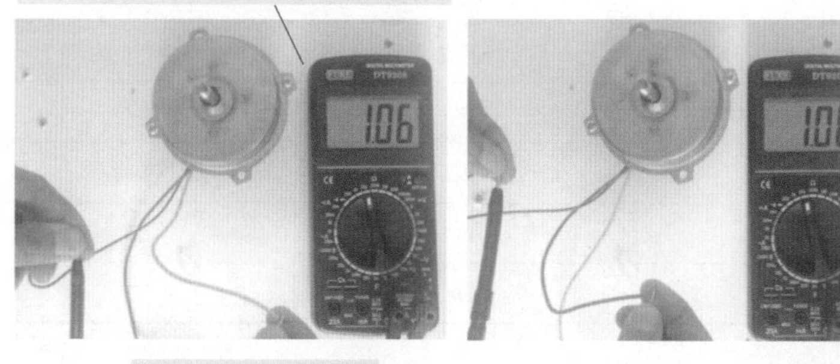

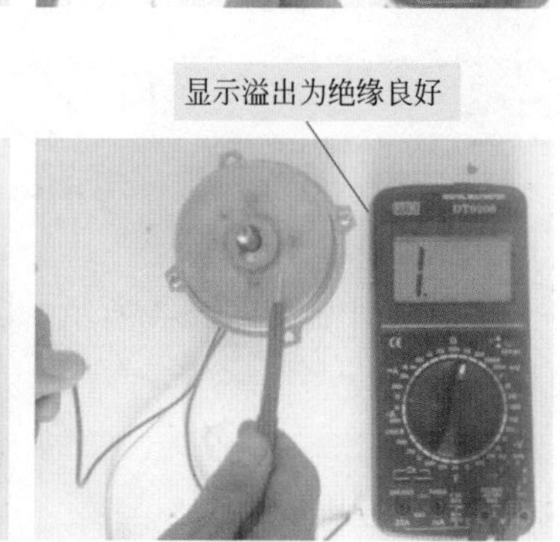

图6-5　主副绕组及接线端子判断

3. 电容单相运行电动机检测

洗涤电动机的检测

① 洗衣机脱水电动机主绕组匝数少，且线径粗，副绕组匝数多，且线径细，内部接线图与洗涤电动机相同。对于有主副绕组之分的单相电动机实现正反转控制，可改变内部副绕组与公共端接线，也可改变定

子方向。

② 主副绕组及接线端子的判别：用万用表（最好用数字表）$R\times1$ 挡测 CA、CB、AB 阻值，测量中阻值最大的一次为 AB 端，另一端为公用端 C。当找到 C 后，测 C 与另两端的阻值，阻值小的一组为主绕组，相对应的端子为主绕组端子或接线点。阻值大的一组为副绕组，相对应的端子为副绕组端子或接线点。在测量时两绕组的阻值不同，说明此电动机有主、副绕组之分。

4. 抽头调速电动机的检测

抽头调速电动机的定子铁芯槽内适当嵌入调速绕组。这些调速绕组可以与主绕组同槽，也可和副绕组同槽。无论是与主绕组同槽，还是与副绕组同槽，调速绕组总是在槽的上层。利用调速绕组调速，实质上是改变定子磁场的强弱，以及定子磁场椭圆度，达到电动机转速改变的。采用调速绕组调速可分为三种不同的方法。

① L-A 型接法，如图 6-6 所示。

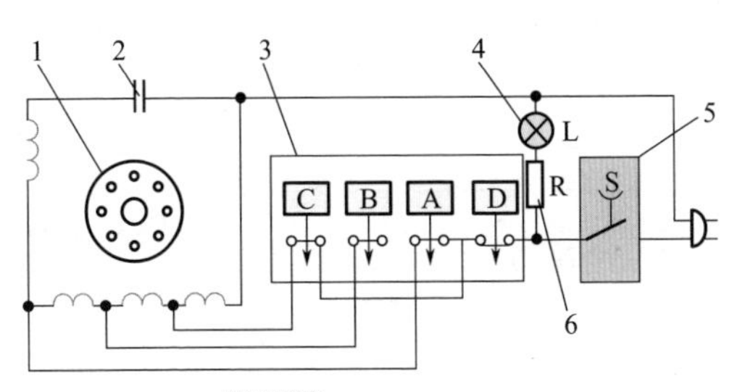

图6-6　L-A型接法

1—电动机；2—运行电容；3—键开关；4—指示灯；5—定时器；6—限压电阻

L-A 型接法调速时，调速绕组与主绕组同槽，嵌在主绕组的上层，调速绕组与主绕组串接于电源。

当按下 A 键时，串入的调速绕组最多，这时主绕组和副绕组的合成磁场（即定子磁场）最高，电动机转速最高。当按 B 键时，调速绕组有一部分与主绕组串联，而另外一部分则与副绕组串联。这时主绕组和副绕组的合成磁场强度下降，电动机转速也下降了。依此类推，当按下 C 键时，电动机转速最低。

② L-B 型接法：L-B 型接法调速电路组成与原理同 L-A 电路，只是调速绕组与副绕组同槽，嵌在副绕组上层，调速绕组串于副绕组，如图 6-7 所示。

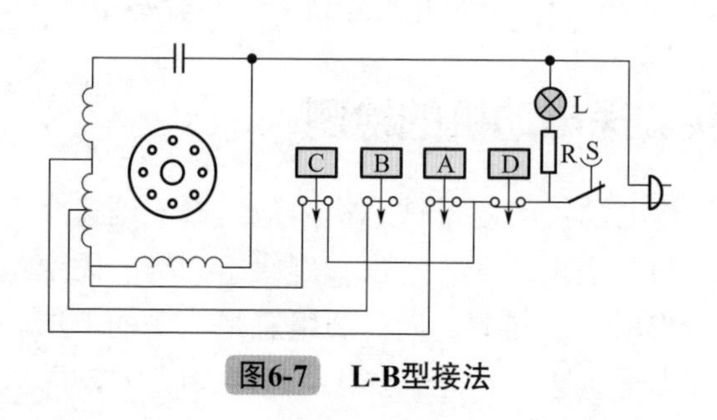

图6-7　L-B型接法

③ T 型接法：电动机的调速电路如图 6-8 所示。此电路组成与图 6-7 所示电路组成元器件相同，速调原理也雷同，调速绕组与副绕组同槽，嵌在副绕组的上层，而调速绕组则与主绕组和副绕组串联。

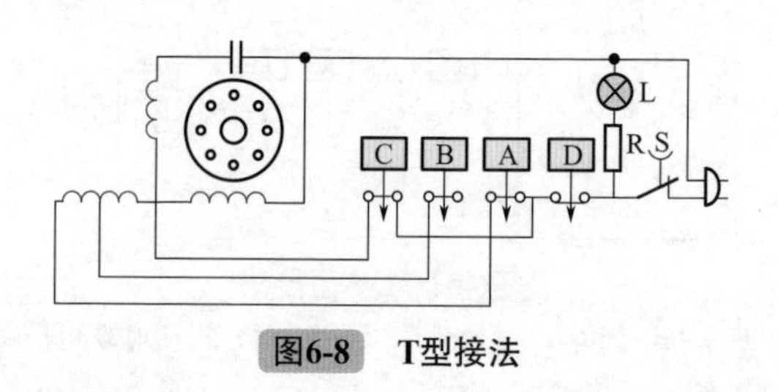

图6-8　T型接法

④ 副绕组抽头调速：是在电动机的定子腔内没有嵌单独用于调速的绕组，而是将副绕组引出两个中间抽头。这样，当改变主绕组和副绕组的匝比时，定子的合成磁场的强弱，以及定子磁场椭圆度都会改变，从而实现电动机调速，如图 6-9 所示。

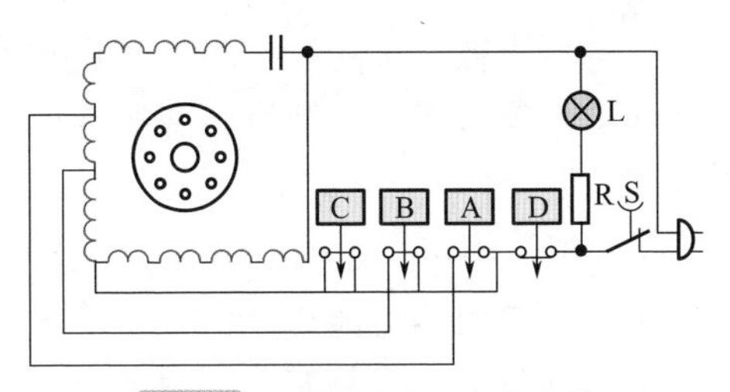

图6-9　副绕组抽头调速电路

当按下A键时，接入的副绕组匝数多，主绕组和副绕组在全压下运行，定子磁场最强，电动机转速最高。当按下B键时，副绕组的匝数为3000匝；主绕组加的电压下降，而且有900匝副绕组线圈通的电流与主绕组电流相同，这时，主绕组与副绕组的空间位置不再为90°电角度，所以定子磁场强度比A键按下时下降了，电动机转速下降。当按C键时，电动机定子磁场强度进一步下降，电动机转速也进一步下降。这就是副绕组抽头调速的实质。

提 示　检测抽头调速电动机时，应先按照接线图找到对应的接线端子，然后测量各接线端子对公共端的阻值，按照接线头的位置不同，阻值应有变化，即离公共点越是远的接线头阻值越大，越是近的端子阻值越小。

---

5. 单相电动机故障及绕组重绕

（1）单相电动机的故障　单相电动机常见故障有：电动机漏电、电动机主轴磨损和电动机绕组烧毁。

造成电动机漏电的原因有：

① 电动机导线绝缘层破损，并与机壳相碰。

② 电动机严重受潮。

③ 组装和检修电动机时，因装配不慎使导线绝缘层受到磨损或碰撞，导线绝缘率下降。

电动机因电源电压太低，不能正常启动或启动保护失灵，以及制冷剂、冷冻油含水量过多，绝缘材料变质等也能引起电动机绕组烧毁和断路、短路等故障。

电动机断路时，不能运转，如有一个绕组断路时电流值很大，也不会运转。由于电动机引线可能烧断，使绕组导线断开，保护器触点跳开后不能自动复位，也是断路。电动机短路时，虽能运转，但运转电流大，致使启动继电器不能正常工作。短路原因有匝间短路、通地短路和笼型圈断条等。

（2）绕组重绕 电动机转子用铜或合金铝浇铸在冲孔的硅钢片中，形成笼型转子绕组。当电动机损坏后，可进行重绕，电动机绕组重绕方法参见有关电动机维修。当电动机修好后，应按下面介绍内容进行测试。

① 电动机正、反转试验和启动性试验：电动机的正、反转是由接线方法来决定的。电动机绕组下好线以后，连好接线，先不绑扎，首先做电动机正反转试验。其方法是：用直径 0.64mm 的漆包线（去掉外皮）做一个直径为 1cm 大小的闭合小铜环，铜环周围用棉丝缠起来。然后用一根细棉线将其吊在定子中间，将运转与启动绕组的出头并联，再与公共端接通 110V 交流电源（用调压器调好）。短暂通电时（通电时间不宜超过 1min），如果小铜环顺转则表明电动机正转，如果小铜环逆转则代表电动机反转。如果电动机运转方向与原来不符，可将启动绕组的其中一个线包里外头对调。

在组装电动机后，进行空载试验时，所测量电动机的电流值应符合产品说明书的设计技术标准。空载运转时间在连续 4h 以上，并应观察其温升情况。如温升过高，可考虑机械及电动机定子与转子的间隙是否合适或电动机绕组本身有无问题。

② 空载运转时，要注意电动机的运转方向。从电动机引出线看，转子是逆时针方向旋转。有的电动机最大的一组启动绕组中可见反绕现象，在重绕时要注意按原来反绕匝数绕制。

单相异步电动机的故障与三相异步电动机的故障基本相同，如短路、接地、断路、接线错误以及不能启动、电动机过热等。其检查处理也与三相异步电动机基本相同。

三　三相异步电动机的检测

1. 绕组的断路故障

对电动机断路可用兆欧表、万用表（放在低电阻挡）或校验灯等来校验。对于△形接法的电动机，检查时，需每相分别测试，如图 6-10（a）所示。对于 Y 形接法的电动机，检查时必须先把三相绕组的接头拆开，再每相分别测试，如图 6-10（b）所示。

电动机出现断路，要拆开电动机检查，如果只有一把线的端部被烧断几根，如图 6-11 所示，是因该处受潮后绝缘强度降低或因碰破导线绝缘层造成短路故障引起，再检查整个绕组，整个绕组绝缘良好，没发生过热现象，可把这几根断头接起来继续使用。如果因电动机过热造成整个绕组变色，但也有一处烧断，就不能连接起来再用，要更换新绕组。

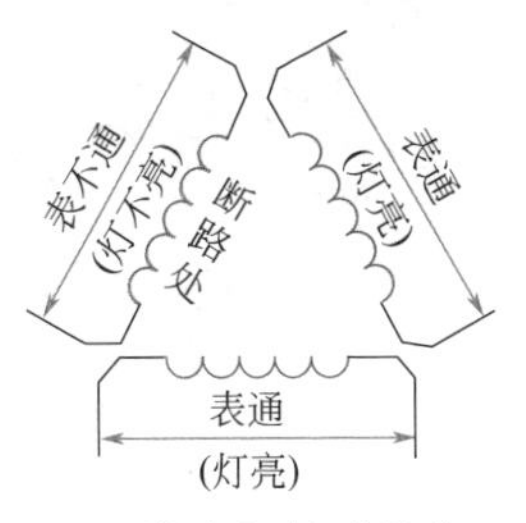

(a) △形接法电动机的校验

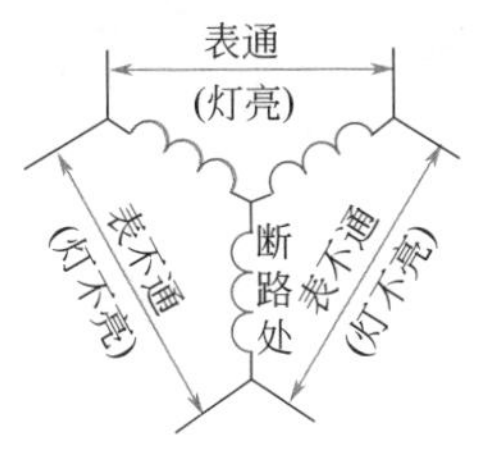

(b) Y形接法电动机的校验

图6-10　用兆欧表或校验灯检查绕组断路

技巧　烧断的多根线头接在一起的连接方法。

首先将线把端部烧断的所有线头用划线板慢慢地撬起来，再把线把的两个头抽出来，如图6-12所示，数数烧断处有6根线头，再加这把线的两个头，共有8个线头，这说明这把线经烧断后已经变成匝数不等的4组线圈（每组两个头为一个线圈）。然后借助万用表分别找出每组线圈的两个头，在不改变原线把电流方向的条件下，将这4组线圈再串接起来，要细心测量，测出一组线圈后，将这组线圈的两个头标上数字，每个线圈左边的头用单数表示，右侧的头用双数表示，线把左边长头用1表示，如图6-13所示线把右边的长头用8表示，与头1相通右边的头用2表示，任意将一个线圈左边的头定为3，其右边的头定为4，再将一个线圈左边的定为5，其右边的头定为6，每个头用数字标好，剩下与8相通的最后一组线圈，左边头定为7。4组线圈共有8个头，1和2是一组线圈，3和4是一组线圈，5和6是一组线圈，7和8是一组线圈，实际中可将这8个线头分别穿上白布条标上数字，不能写错，在接线前要再测量一次，认为无误后才能接线，接线时如图6-14所示，线头不够长，在一边的每根头上接上一段导线，套上套管，接线方法按2和3、4和5、6和7的顺序接线。详细接线方法如下：

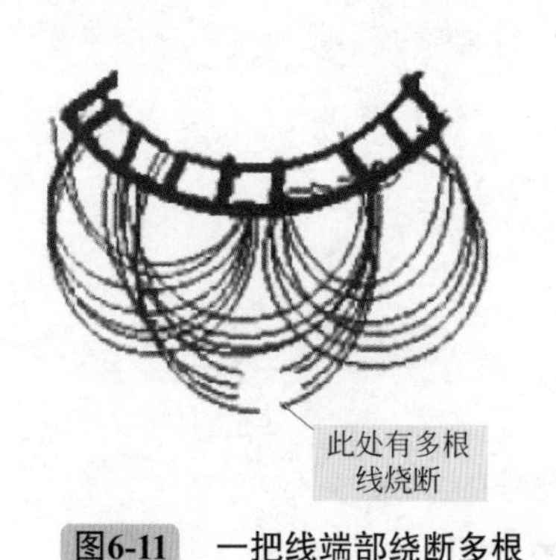

图6-11　一把线端部烧断多根

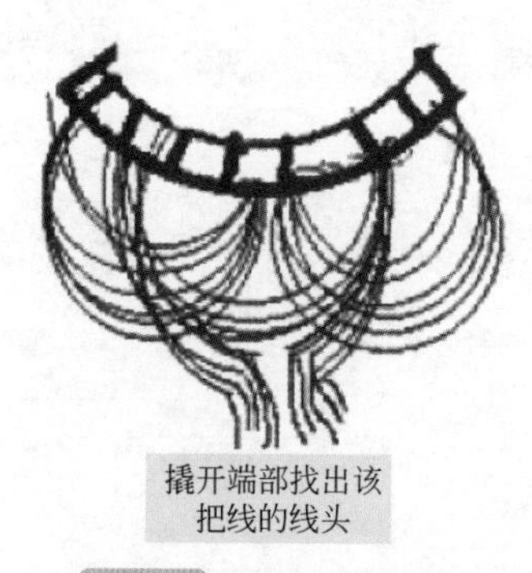

图6-12　将断头撬起来

第一步，将2头和3头接好，利用万能表测1头和4头这两个线头，表指针摆向0Ω为接对了，表针不动证明接错了，查找原因，接对为止，如图 6-14 所示。

第二步，将 4 头和 5 头相连接，接好后用万用表测量 1 头和 6 头，表针向 0Ω 方向摆动为接对，表针不动为接错，如图 6-13 所示。

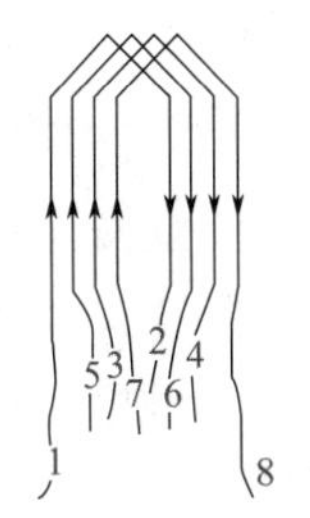

图6-13　将断头撬起来标上数字

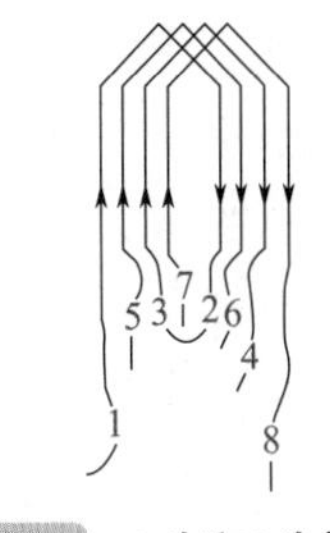

图6-14　2头和3头相连接

第三步，将 6 头和 7 头相连接，接好后万用表测 1 头和 8 头，表针向 0Ω 方向摆动为接对，如图 6-15 所示，然后将 1 头和 8 头分别接在原位置上，接线完毕，上绝缘漆捆好接头，烤干即可。

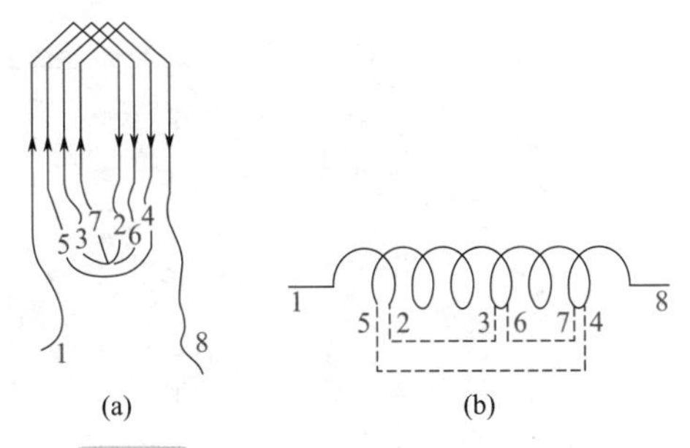

图6-15　4头和5头、6头和7头相连接

提 示 接线时注意，左边的线头必须跟右边的线头相连接，如果左边的线头与左边的线头或右边的线头与右边的线头相连接，会造成流进流出该线把的电流方向相反，不能使用。如果一组线圈的头尾连接在一起，接成一个短路线圈，通电试车将烧坏这短路线圈，造成整把线因过热烧坏。所以查找线头、为线头命名和接线时要细心操作，做到一次接好。

2. 绕组的短路故障

短路故障是电动机定子绕组局部损坏而造成的，短路故障可分为定子绕组接地（对机壳）短路（对地短路）、定子绕组相间短路及匝间短路三种。

（1）对地短路 某相绕组发生对地短路后，该相绕组对机座的绝缘电阻值为零，当电动机机座既没有接触在潮湿的地下，也没有接地线时，不影响电动机的正常运行；当有人触及电动机外壳或与电动机外壳连接的金属部件时，人就会触电，这种故障是危险的。当电动机机座上接有地线时，一旦发生某相定子绕组对地短路，人虽不能触电，但与该相有关的保险丝烧断，电动机不能工作。因此，若电动机绕组发现对地短路时，不排除故障不能使用。如图 6-16 所示。

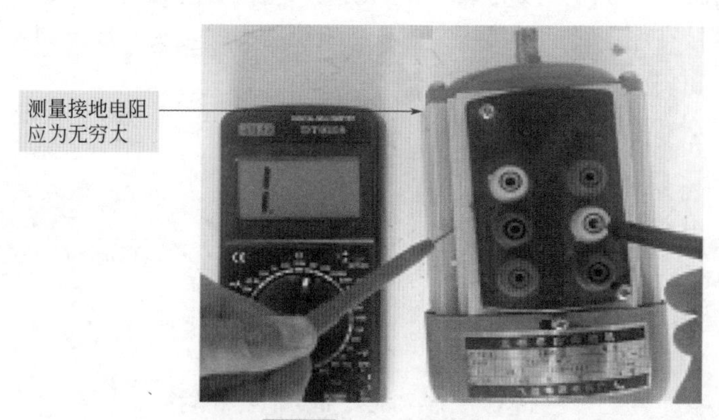

图6-16 对地短路

电动机定子绕组的对地短路多发生在定子铁芯槽口处，由于电动机运转中发热、振动或者受潮等原因，绕组的绝缘劣化，当经受不住绕组与机座之间的电压时，绝缘材料被击穿，发生短路。另外，也可能由于电动机的转子在转动时与定子铁芯相摩擦（称作扫膛），造成相摩擦部位过热，使槽内绝缘炭化而造成短路。一台新组装的电动机在试车时发现短路，可能是定子绕组绝缘在安装中被破坏，如果拆开电动机，抽出转子，用仪表测绕组与外壳电阻，原来绕组接地，拆开电动机后又不接地了，说明短路是由端盖或转子内风扇与绕组短路造成的，进行局部整形可排除故障；如拆开电动机后短路依然存在，则应把接线板上的铜片拆掉，用万用表分别测每相绕组对地绝缘电阻，测出短路故障所在那相绕组，仔细查找出短路的部位，如果线把已严重损坏，绝缘炭化，线把中导线大面积烧坏就应更换绕组，如果只有小范围的绝缘线损坏或短路故障，可用绝缘纸把损坏部位垫起来，使绕组与铁芯不再直接接触，最后再灌上一些绝缘漆烤干即可。

（2）相间短路　这种故障多发生在绕组的端部，相间短路发生后，两相绕组之间的绝缘电阻等于零，若在电动机运行中发生相间短路，可能使两相保险丝同时爆断，也可能把短路端导线烧断。如图 6-17 所示。

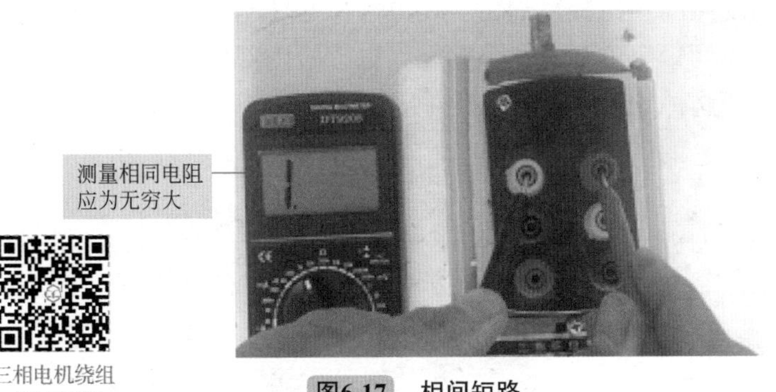

图6-17　相间短路

相间短路的发生原因，除了对地短路中讲到的原因外，另外的原因是定子绕组端部的相间绝缘纸没有垫好，拆开电动机观察相间绝缘（绕组两端部极组与极相组之间垫有绝缘纸或绝缘布，这就叫作相间绝缘）是否垫好，这层绝缘纸两边的线把的边分别属于不同两相绕组，它们之间的电压比较高，可达到 380V，如果相间绝缘没有垫好或用的绝缘材料不好（有的用牛皮纸），电动机运行一段时间后，因绕组受潮或碰触等原因就容易击穿绝缘，造成相间短路。

经检查，整个绕组没有变颜色，绝缘漆没有老化，只一部位发生相间短路，烧断的线头又不多，可按“1.”中“技巧”接起来，中间垫好相间绝缘纸，多浇些绝缘漆烤干后仍可使用。但如果绕组均已老化，又有多处相间短路，就得重新更换绕组。

（3）匝间短路 匝间短路是同把线内几根导线绝缘层破坏后连接在一起，形成短路故障。

匝间短路的故障多因为在下线时不注意，碰破两导线绝缘层，使相邻导线失去绝缘作用而短路。在绕组两端部造成匝间短路故障的原因多发生在安装电动机时碰坏导线绝缘层使相邻导线短路。长时间工作在潮湿环境中的电动机因导线绝缘强度降低、电动机工作中过热等原因也会造成匝间短路。如图 6-18 所示。

出现匝间短路故障后，会使电动机运转时没劲，发出振动和噪声，匝间短路的一相电流增加，电动机内部冒烟，烧一相保险丝，发现这种故障应断电停机拆开检修。

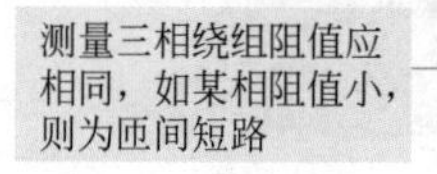

图6-18 匝间短路

第七章

用万用表检测电气控制线路故障

一 机床电气控制线路检修

机床电气设备出现的故障，由于机床种类的不同而有不同的特点。但对于各类机床的电气故障，都可以运用基本检修方法进行检修。这些方法包括直观法、电压测量法、电阻测量法、对比法、置换元件法、逐步开路法、强迫闭合法和短接法等。实际检修时，要综合运用上述方法，并根据检修经验，对故障现象进行分析，快速准确地找到故障部位，采取适当方法加以排除。

1. 直观法

直观法是根据电器故障的外部表现，通过目测、鼻闻、耳听等手段来检查、判断故障的方法。

（1）检查步骤

① 调查情况：向机床操作者和故障在场人员询问故障情况，包括故障外部表现、大致部位，发生故障时的环境情况（如有无明火等。热源是否靠近电器，有无腐蚀性气体侵蚀，有无漏水

等），是否有人修理过、修理的内容等。

② 初步检查：根据调查的情况，看有关电器外部有无损坏，连线有无断路、松动，绝缘有无烧焦，螺旋熔断器的熔断指示器是否跳出，电器有无进水、油垢，开关位置是否正确等。

③ 试车：通过初步检查，确认不会使故障进一步扩大和造成人身、设备事故后，可进行试车检查。试车中要注意有无严重跳火、冒火、异常气味、异常声音等现象，一经发现应立即停车，切断电源。注意检查电动机的温升及电器的动作程序是否符合电气原理图的要求，从而发现故障部位。

（2）检查方法及注意事项

① 用观察火花的方法检查故障：电器的触点在闭合、分断电路或导线线头松动时会产生火花，因此可以根据火花的有无、大小等现象来检查电器故障。例如，正常固紧的导线与螺钉间不应有火花产生，当发现该处有火花时，说明线头松动或接触不良。电器的触点在闭合、分断电路时跳火，说明电路是通路，不跳火说明电路不通。当观察到控制电动机的接触器主触点两相有火花，一相无火花时，无火花的触点接触不良或这一相电路断路。三相中有两相的火花比正常大，另一相比正常小，可初步判断为电动机相间短路或接地。三相火花都比正常大，可能是电动机过载或机械部分卡住。在辅助电路中，接触器线圈电路通电后，衔铁不吸合，要分清是电路断路，还是接触器机械部分卡住造成的。可按一下启动按钮，如按钮常开触点在闭合位置，断开时有轻微的火花，说明电路通路，故障在接触器本身机械部分卡住等。如触点间无火花，说明电路是断路。

② 从电器的动作程序来检查故障：电器的工作程序应符合电气说明书和图纸的要求。如某一电路上的电器动作过早、过晚或不动作，说明该电路或电器有故障。另外，还可以根据电器发出的声音、温度、压力、气味等分析判断故障。另外，运用直观法，不但可以确定简单的故障，还可以把较复杂的故障缩小到较小的范围。

③ 注意事项：当电器元件已经损坏时，应查明故障原因后再

更换，不然会造成元件的连续烧坏。试车时，手不能离开电源开关，以便随时切断电源。直观法的缺点是准确性差，所以不经进一步检查不要盲目拆卸导线和元件，以免延误时机。

2.测量电压法

（1）检查方法和步骤

① 分阶测量法　如图 7-1 所示，当电路中的行程开关 SQ 和中间继电器的常开触点 KA 闭合时，按启动按钮 SB_1 接触器 KM_1 不吸合，说明电路有故障。检查时把万用表扳到电压 500V 挡位上（或用电压表），首先测量 A、B 两点电压，正常值为 380V。然后按启动按钮不放，同时将黑表笔接到 B 点上，红表笔按标号依次分别测量标号 2、11、9、7、5、3、1 各点的电压。电路正常时，B 与 2 两点之间无电压，B 与 11 ～ 1 各点电压均为 380V。如 B 与 11 间无电压，说明是电路故障，可将红表笔前移。当移至某点时电压正常，说明该点前开关触点是完好的，此点以后的开关触点或接线断路。一般是此后第一个触点（即刚刚跨过的触点）或连线断路。例如，测量到 9 时电压正常，说明接触器 KM_2 的常闭触点或 9 所连导线接触不良或断路。究竟故障在触点上还是连线断路？可将红表笔接在 KM_2 常闭触点的接线柱上，如电压正常，故障在 KM_2 的触点上；如没有电压，说明连线断路。根据电压值来检查故障的具体方法见表 7-1。

表 7-1　分阶测量法所测电压值及故障原因　　单位：V

故障现象	测试状态	B-2	B-11	B-9	B-7	B-5	B-3	B-1	故障原因
SB_1按下时 KM_1不吸合	SB_1按下	380	380	380	380	380	380	380	FR接触不良
		0	380	380	380	380	380	380	KM_1本身故障；
		0	0	380	380	380	380	380	KM_2接触不良；
		0	0	0	380	380	380	380	KA接触不良；
		0	0	0	0	380	380	380	SB_1接触不良；
		0	0	0	0	0	380	380	SB_2接触不良；
		0	0	0	0	0	0	380	SQ接触不良

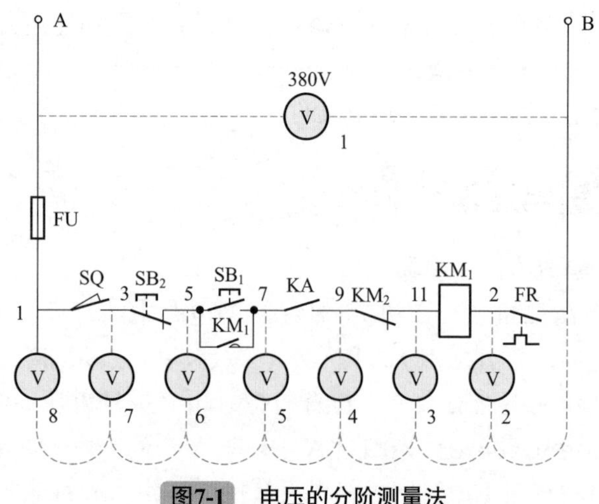

图7-1 电压的分阶测量法

在运用分阶测量法时，可以向前测量（即由B点向标号1），也可以向后测量（即由标号1向B点测量）。用后一种方法测量时，当标号1与某点（标号2与B点除外）电压等于电源电压时，说明刚刚测过的触点或导线断路。

维修实践中，根据故障的情况也可不必逐点测量，而多跨几个标号测试点，如B与11、B与3等。

② 分段测量法 触点闭合时各电器之间的导线，在通电时其电压降接近于零；而用电器、各类电阻、线圈通电时，其电压降等于或接近于外加电压。根据这一特点，采用分段测量法检查电路故障更为方便。电压的分段测量法如图7-2所示。按下按钮SB_1时，如接触器KM_1不吸合，按住按钮SB_1不放，先测A、B两点的电源电压，电压在380V，而接触器不吸合说明电路有断路之处。可将红、黑两表笔逐段或者重点测相邻两标号的电压。如电路正常，除11与2两标号间的电压等于电源电压380V外，其他相邻两点间的电压都应为零。如测量某相邻两点电压为380V，说明该两点所包括的触点或连接导线接触不良或断路。例如，标号3与5两点间电压为380V，说明停止按钮SB_2接触不良。当测电路电压无异常，而11与2间电压正好等于电源电压，接触器KM_1

仍不吸合，说明线圈断路或机械部分卡住。

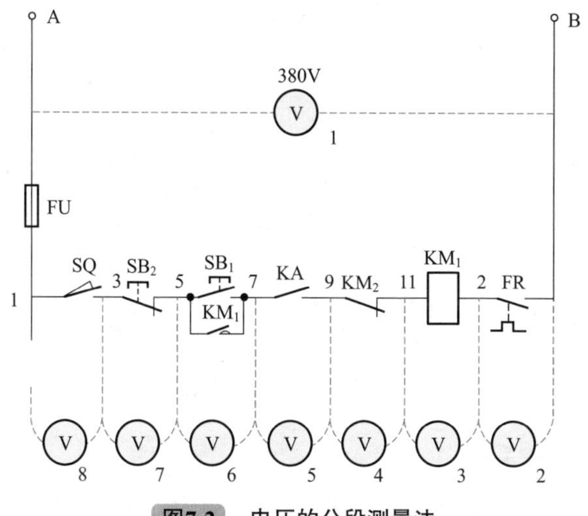

图7-2　电压的分段测量法

对于机床电器开关及电器相互间距离较大，分布面较广的设备，由于万用表的表笔连线长度有限，用分段测量法检查故障比较方便。

③ 点测法　机床电气的辅助电路电压为 220V 且零线接地的电路，可采用点测法来检查电路故障，如图 7-3 所示。把万用表的黑表笔接地，红表笔逐点测 2、11、9 等点，根据测量的电压情况来检查电气故障，这种测量某标号与接地电压的方法称为点测法（或对地电压法）。用点测法测量电压值及判断故障的原因见表 7-2。

表 7-2　点测法所电压值及故障原因　　单位：V

故障现象	测试状态	2	11	9	7	5	3	1	故障原因
SB_1按下时KM_1不吸合	SB_1按下	220	220	220	220	220	220	220	FR接触不良；
		0	220	220	220	220	220	220	接触器KM_1本身故障；
		0	0	220	220	220	220	220	KM_2接触不良；
		0	0	0	220	220	220	220	KA接触不良；
		0	0	0	0	220	220	220	SB_1接触不良；
		0	0	0	0	0	220	220	SB_2接触不良；
		0	0	0	0	0	0	220	FU接触不良

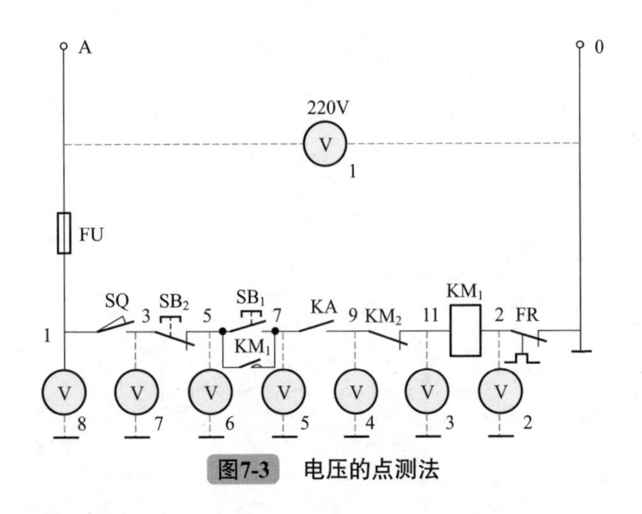

图7-3　电压的点测法

（2）注意事项

① 用分阶测量法时，标号 11 以前各点对 B 点应为 220V（如供电为 38V 时则为 380V），低于该电压（相差 20% 以上，不包括仪表误差）时可视为电路故障。

② 分段或分阶测量到接触器线圈两端 11 与 2 时，电压等于电源电压，可判断为电路正常；如不吸合，说明接触器本身有故障。

③ 电压的三种检查方法，可以灵活运用，测量步骤也不必过于死板，除点测法在 220V 电路上应用外，其他两种方法是通用的。也可以在检查一条电路时用两种方法。在运用以上三种方法时，必须将起动按钮按住不放才能测量。

3.测量电阻法

（1）检查方法和步骤

① 分阶测量法　如图 7-4 所示，当确定电路中的行程开关 SQ、中间继电器触点 KA 闭合时，按启动按钮 SB_1 接触器 KM_1 不吸合，说明该电路有故障。检查时先将电源断开，把万用表扳到

电阻挡位上，测量 A、B 两点电阻（注意，测量时要一直按下按钮 SB_1）。如电阻为无穷大，说明电路断路。为了进一步检查故障点，将 A 点上的表笔移至标号 2 上，如果电阻为零，说明热继电器触点接触良好。再测量 B 与 11 两点间电阻，若接近接触器线圈电阻值，说明接触器线圈良好。然后将两测试棒移至 9 与 11 两点，若电阻为零，可将标号 9 上的测试棒前移，逐步测量 7-11、5-11、3-11、1-11 各点的电阻值。当测量到某标号时电阻突然增大，则说明表笔刚刚跨过的触点或导线断路。分阶测量法既可从 11 向 1 方向移动表笔，也可从 1 向 11 方向移动表笔。

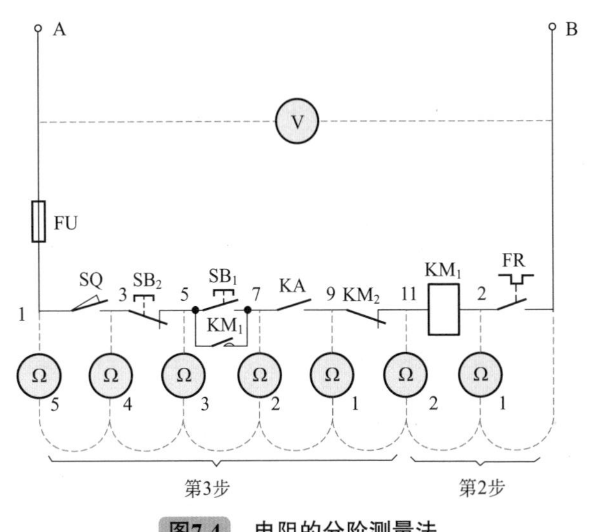

图7-4　电阻的分阶测量法

② 分段测量法　如图 7-5 所示，先切断电源，按下启动按钮，两表笔逐段或重点测试相邻两标号（除 2-11 两点外）的电阻。如两点间电阻很大，说明该触点接触不良或导线断路。例如，当测得 1-3 两点间电阻很大时，说明行程开关触点接触不良。

这两种方法适用于开关、电器在机床上分布距离较远的电气设备。

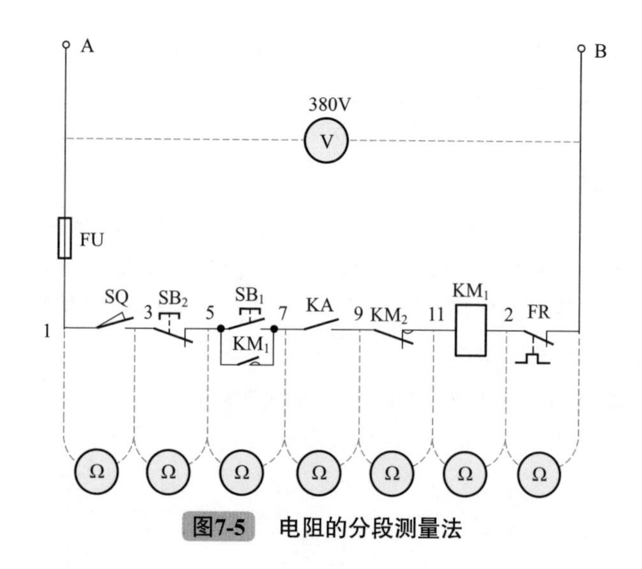

图7-5 电阻的分段测量法

（2）注意事项

测量电阻法的优点是安全，缺点是测量电阻值不准确时容易造成判断错误。为此应注意以下几点：

① 用测量电阻法检查故障时一定要断开电源。

② 如所测量的电路与其他电路并联，必须将该电路与其他电路断开，否则电阻不准确。

③ 测量高电阻电器元件，万用表要扳到适当的挡位。在测量连接导线或触点时，万用表要扳到 $R\times1$ 的挡位上，以防仪表误差造成误判。

4.对比法、置换元件法、逐步开路（或接入）法

（1）检查方法和步骤

① 对比法：在检查机床电气设备故障时，总要进行各种的测量和检查，把已得到的数据与图纸资料及平时记录的正常参数相比较来判断故障，对无资料又无平时记录的电器，可与同型号的完好电器相比较，来分析检查故障，这种检查方法叫对比法。

对比法在检查故障时经常使用，如比较继电器、接触器的线圈电阻、弹簧压力、动作时间、工作时发出的声音等。

电路中的电器元件属于同样控制性质或多个元件共同控制同一设备时，可以利用其他相似的或同一电源的元件动作情况来判断故障。例如，异步电动机正反转控制电路，若正转接触器 KM_1 不吸合，可操纵反转，看接触器 KM_2 是否吸合，如吸合，则证明 KM_1 电路本身有故障。

再如反转接触器吸合时，电动机反转运转，可操作电动机正转，若电动机运转正常，说明 KM_2 主触点或连线有一相接触不良或断路。

② 置转换元件法：某些电器的故障原因不易确定或检查时间过长时，为了保证机床的利用率，可置换同一种性能良好的电器实验，以证实故障是否由此电器引起。

运用置换元件法检查时应注意，当把原电器拆下后，要认真检查是否已经损坏，只有肯定是由于该电器本身因素造成损坏时，才能换新电器，以免换新后再次损坏。

③ 逐步开路法（或接入）法：多支路并联且控制较复杂的电路短路或接地时，一般有明显的外部表现，如冒烟、有火花等。电动机内部或带有护罩的电路短路、接地时，除熔断器熔断外，不易发现其他外部现象。这种情况可采用逐步开路（或接入）法检查。

a. 逐步开路法：遇到难以检查的短路或接地故障，可重新更换熔体，把多支路并联电路一路一路逐步或重点地从电路中断开，然后通电试验。若熔断器不再熔断，故障就在刚刚断开的这条支路上。然后再将这条支路分成几段，逐段地接入电路。当接入某段电路时熔断器又熔断，故障就在这段电路及其电器元件上。这种方法简单，但容易把损坏不严重的电器元件彻底烧毁。为了不发生这种现象，可采用逐步接入法。

b. 逐步接入法：电路出现短路或接地故障时，换上新熔断器逐步或重点地将各支路一条一条地接入电源，重新试验。当接到某段时熔断器又熔断，故障就在这条电路或其所包含的电器元件上。

（2）注意事项

逐步接入（或开路）法是检查故障时较少用的一种方法，它有可能使故障的电器损坏得更甚，而且拆卸的线头特别多，很费力，只在遇到较难排除的故障时才用这种方法。在用逐步接入法排除故障时，因大多数并联支路已经拆除，为了保护电器，可用较小容量的熔断器接入电路进行试验。对于某些不易购买且尚能修复的电器元件，出现故障时，可用欧姆表或兆欧表进行接入或开路检查。

5.强迫闭合法

在排除电器故障，经过直观检查后没有找到故障点而手上也没有适当的仪表进行测量时，可用一绝缘棒将有关继电器、接触器、电磁铁等用外力强行按下，使其常开触点或衔铁闭合，然后观察电器部分或机械部分出现的各种现象，如电动机从不转到转动，机械相应的部分从不动到正常运行等。利用这些外部现象的变化来判断故障点的方法叫强迫闭合法。

（1）检查方法和步骤

① 检查一条回路的故障　在异步电动机控制电路［如图7-6（a）、（b）所示］中，若按下启动按钮 SB_1 接触器 KM_1 不吸合，可用一细绝缘棒或绝缘良好的螺丝刀（注意手不能碰金属部分），从接触器灭弧罩的中间孔（小型接触器用两绝缘棒对准两侧的触点支架）快速按下然后迅速松开，可能有如下情况出现：

a. 电动机启动，接触器不再释放，说明启动按钮 SB_1 接触不良。

b. 强迫闭合时，电动机不转但有“嗡嗡”的声音，松开时看到三个触点都有火花，且亮度均匀。原因是电动机过载或辅助电路中的热继电器 FR 常闭触点跳开。

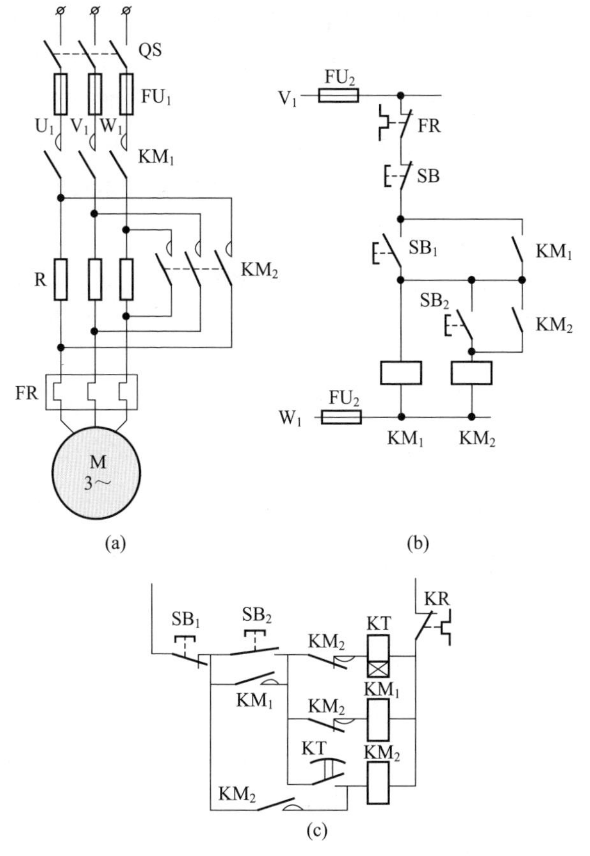

图7-6　接触器控制电路

c. 强迫闭合时，电动机运转正常，松开后电动机停转，同时接触器也随之跳开，一般是辅助电路中的熔断器 FU 熔断或停止、启动按钮接触不良。

d. 强迫闭合时电动机不转，有“嗡嗡”声，松开时接触器的主触点只有两触点有火花，说明电动机主电路一相断路，接触器一主触点接触不良。

② 检查多支路自动控制电路的故障　在多支路自动控制降压启动电路［如图 7-6（c）所示］启动时，定子绕组上串联电阻 R，

限制了启动电流。在电动机上升到一定数值时，时间继电器KT动作，它的常开触点闭合，接通KM_2电路，启动电阻R自动短接，电动机正常运行。如果按下启动按钮SB_1接触器不吸合，可将KM_1强迫闭合，松开后看KM_1是否保持在吸合位置，电动机在强迫闭合瞬间是否启动。如果KM_1随绝缘棒松开而释放，但电动机转动了，则故障在停止按钮SB_2热继电器FR触点或KM_1本身。如电动机不转，故障为主电路熔断器熔断、电源无电压等。如KM_1不再释放，电动机正常运转，故障在启动按钮SB_1和KM_1的自锁触点。

当按下启动按钮SB_1，KM_1吸合，时间继电器KT不吸合，故障在时间继电器线圈电路或它的机械部分。如时间继电器吸合，但KM_2不吸合，可用小螺丝刀按压KT上的微动开关触杆，注意听是否有开关动作的声音，如有声音且电动机正常运行，说明微动开关装配不正确。

（2）注意事项 用强迫闭合法检查电路故障，如运用得当，比较简单易行；但运用不好，也容易出现人身和设备事故，所以应注意以下几点：

① 运用强迫闭合法时，应对机床电路控制程序比较熟悉，对要强迫闭合的电器与机械间部分的传动关系比较明确。

② 用强迫闭合法前，必须对整个故障的电气设备做仔细的外部检查，如发现以下情况，不得用强迫闭合法检查：

a. 具有联锁保护的正反转控制电路中，两个接触器中有一个未释放，不得强迫闭合另一个接触器。

b.Y-△启动控制电路中，当接触器$KM_{\triangle}$没有释放时，不能强迫闭合其他接触器。

c. 运动机械部件已达到极限位置，在弄不清反向控制关系时，不要随便采用强迫闭合法。

d. 当强迫闭合某电器时可能造成机械部分（机床夹紧装置等）严重损坏时，不得用强迫闭合法检查。

e. 用强迫闭合法时，所用的工具必须有良好的绝缘性能，否则会出现比较严重的触电事故。

6. 短接法

机床电路或电器的故障大致归纳为短路、过载、断路、接地、接线错误、电器的电磁及机械部分故障等六类。诸类故障中出现较多的为断路故障，它包括导线断路、虚连、松动、触点接触不良、虚焊、假焊、熔断器熔断等。对这类故障除用电阻法、电压法检查外，还有一种更为简单可靠的方法，就是短接法。方法是用一根绝缘良好的导线将所怀疑的断路部位短接起来，如短接到某处电路恢复正常工作，说明该处断路。

（1）检查方法和步骤

① 局部短接法　局部短接法如图 7-7 所示。当确定电路中的行程开关 SQ 和中间继电器常开触点 KA 闭合时，按下启动按钮 SB_2，接触器 KM_1 不吸合，说明该电路有故障。检查时，可首先测量 A、B 两点电压，若电压正常，可将按钮 SB_1 按住不放，分别短接 1-3、3-5、7-9、9-11 和 B-2。当短接到某点接触器吸合，说明故障就在这两点之间。具体短接部位及故障原因见表 7-3。

表 7-3　短接部位及故障原因

故障原因	短接标号	接触器KM_1的动作情况	故障原因
按下启动按钮接触器KM_1不吸合	B-2	KM_1吸合	FR接触不良
	11-9	KM_1吸合	KM_2常闭触点接触不良
	9-7	KM_1吸合	KA常开触点接触不良
	7-5	KM_1吸合	SB_1触点接触不良
	5-3	KM_1吸合	SB_2触点接触不良
	3-1	KM_1吸合	SQ触点接触不良
	1-A	KM_1吸合	熔断器FU接触不良或熔断

② 长短接法　长短接法（图 7-8）是指一次短接两个或多个触点或线段的故障检查方法。这样做既节约时间，又可弥补局部

短接法的某些缺陷。例如，两触点 SQ 和 KA 同时接触不良或导线断路，短接法检查电路故障的结果可能出现错误的判断，而用长短接法一次可将 1-11 短接，如短接后接触器 KM_1 吸合，说明 1 ～ 11 这段电路上一定有断路的地方，然后再用局部短接的方法来检查，就不会出现错误判断的现象。

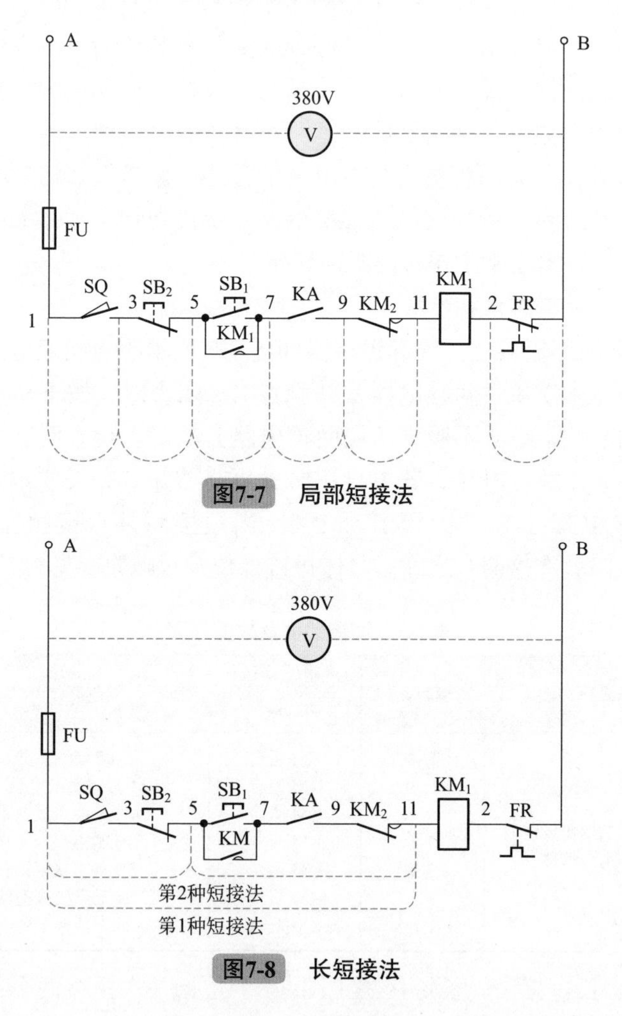

图7-7 局部短接法

图7-8 长短接法

长短接法另一个作用是把故障点缩小到一个较小的范围之内。

总之应用短接法时可长短结合，就能加快排除故障的速度。

（2）注意事项

① 应用短接法是用手拿着绝缘导线带电操作的，所以一定要注意安全，避免发生触电事故。

② 应确认所检查的电路电压正常时，才能进行检查。

③ 短接法只适于压降极小的导线、电流不大的触点之类的短路故障。对于压降较大的电阻、线圈、绕组等断路故障，不得用短接法，否则就会出现短路故障。

④ 对与机床的某些要害部位，要慎重行事，必须保障电气设备或机械部位不出现事故的情况下才能使用短接法。

⑤ 在怀疑熔断器熔断或接触器的主触点断路时，先要估计一下电流，一般在 5A 以下时才能使用，否则容易产生较大的火花。

二　数控机床电气控制线路检修

数控机床电气控制线路的检修与普通机床检修方法相同，都是利用万用表测试电气线路及电子元器件，下面分析数控机床的故障及分析检修放方法。

1. 数控机床常见故障分析

（1）数控基床电气装置常见故障　数控机床的电气装置部分的故障主要是硬件故障，如控制系统某元器件接触不良或损坏、无供电电源等，这种故障必须更换损坏的器件或者维修后才能排除故障。

（2）数控机床可编程控制器的故障分析　数控机床可编程控制器，也就是 PLC 部分的故障分为：

① 软件故障：主要是数控机床用户程序，如果用户程序出现故障，在数控机床运行时会发生一些无报警的机床故障，因此

PLC 用户程序要编制好。

② 硬件故障：是 PLC 输入 / 输出模块出现问题而引起的故障。对于个别输入 / 输出口出现故障，可以通过修改 PLC 程序，使用备用接口替代出现故障的接口。

（3）数控机床伺服控制系统的故障分析 数控机床伺服控制系统是数控机床故障率最高的部分。伺服控制系统可分为直流伺服控制单元、直流永磁电动机和交流伺服控制单元、交流伺服电动机两个部分，两者各有其优、缺点。伺服系统的故障一般都是由于伺服控制单元、伺服电动机、测速装置、编码器等出现问题引起的，要分别对各单元进行分析。

（4）显示器的故障分析 通常情况下，数控机床显示器出现错误的表现为：系统的软件出错，会导致系统显示的混乱或者不正常或根本无法显示，机床的电源出现故障或者系统主板出现故障，也会导致系统的不正常显示。其中，显示系统本身出现故障是引起系统显示器不正常的最主要原因，因此，如果系统不能正常显示，必须首先要弄清造成此现象的主要原因。

数控机床的显示不正常可以分为完全无显示和显示不正常两种情况。当电源和系统的其他部分工作正常时，系统无显示的原因，一般情况下是由于硬件原因引起；而显示混乱或显示不正常，一般来说是由于系统软件引起的。另外，系统不同，所引起故障的原因也不同，这要根据实际情况进行分析。

（5）控制元件、检测开关的故障分析 数控机床常用的控制元件有液压元件、气动元件、电气执行元件、机械装置、检测开关，检测元件有检测开关。这些常见的机床控制元件、检测开关由于接触不良引起各种故障比较多，这类故障很容易解决，但是必须用万用表配合检查。

2. 数控机床常见电气故障诊断与排除方法

数控机床故障排查的方法很多，大致可以分为以下几种。

（1）直观检查法　这是故障分析之初必用的方法，就是利用感官的检查。

① 问。即向故障现场人员仔细询问故障产生的过程、故障表象及故障后果，并且在整个分析判断过程中可能要多次询问。

② 看。总体查看机床各部分的工作是否处于正常状态（例如各坐标轴位置、主轴状态、刀库、机械手位置等）；各电控装置（如数控系统、温控装置、润滑装置等）有无报警指示；局部查看有无保险烧断，元器件烧焦、开裂，电线电缆脱落，各操作元件位置正确与否等。

③ 摸。在整机断电条件下可以通过触摸各主要电路板的安装状况、各插头（座）的插接状况、各功率及信号导线（如伺服与电机接触器接线）的连接状况等来发现出现故障的原因。

④ 试。指为了检查有无冒烟、打火，有无异常声音、气味，以及触摸有无电动机和元件存在过热而通电，一旦发现有状况立即断电分析。

（2）仪器检查法　仪器检查法就是使用常规电工仪表对各组交、直流电源电压及相关直流和脉冲信号等进行测量，从中找寻可能的故障。例如用万用表检查各电源情况，及对某些电路板上设置的相关信号状态测量点的测量，用示波器观察相关的脉动信号的幅值、相位甚至有无，用 PLC 编程器查找 PLC 程序中的故障部位及原因等。

（3）信号与报警指示分析法

① 硬件报警指。包括数控系统、伺服系统在内的各电子、电气装置上有各种状态和故障指示灯，结合指示灯状态和相应的功能说明便可获知指示内容及故障原因与排除方法。

② 软件报警指示。系统软件、PLC 程序中的故障通常都设有报警显示，依据显示的报警号对照相应的诊断说明手册便可获知可能的故障原因及故障排除方法。

（4）接口状态检查法　现代数控系统多将 PLC 集成于其中，

而 CNC 与 PLC 之间则以一系列接口信号形式相互通信连接。有些故障是与接口信号错误或丢失相关的，这些接口信号有的可以在相应的接口板和输入 / 输出板上有指示灯显示，有的可以通过简单操作在 CRT 屏幕上显示，而所有的接口信号都可以用 PLC 编程器调出。检修时，要求维修人员既要熟悉本机床的接口信号，又要熟悉 PLC 编程器的应用。

（5）参数调整法 数控系统都设置许多可修改的参数以适应不同机床、不同工作状态的要求。这些参数不仅能使各电气系统与具体机床相匹配，而且更是使机床各项功能达到最佳化所必需的。因此，任何参数的变化（尤其是模拟量参数）甚至丢失都是不允许的；而机床运行所引起的机械或电气性能的变化会改变其最佳状态。此类故障需要重新调整相关的一个或多个参数方可排除。这种方法对维修人员的要求是很高的，不仅要对具体系统主要参数十分了解，熟悉其作用，而且要有较丰富的电气调试经验。

（6）备件置换法 当故障集中于某一印制电路板上时，由于电路集成度的不断扩大，要把故障落实于某一区域乃至某一元件上比较困难。为了缩短停机时间，在有相同备件的条件下可以先将备件换上，然后再检查修复故障板。备件的更换要注意以下问题：

① 更换任何备件都必须在断电情况下进行。

② 在更换的备件板上要记录下原有的开关位置和设定状态，并将新板做好同样的设定，否则会产生报警而不能工作。

③ 某些印制电路板的更换还需在更换后进行某些特定操作以完成其中软件与参数的建立。这一点需要仔细阅读相应电路板的使用说明。

④ 有些印制电路板是不能轻易拔出的，例如含有工作存储器的板，或者备用电池板，它会丢失有用的参数或者程序。必须更换时，一定要遵照有关说明操作。

鉴于以上问题，在拔出旧板更换新板之前一定要先仔细阅读相关资料，弄懂要求和操作步骤之后再动手，以免造成更大的故障。

（7）交叉换位法　当发现故障板或者不能确定是否为故障板而又没有备件的情况下，可以将系统中相同或相兼容的两块板互换检查。不仅是板交换、硬件接线的正确交换，还要将一系列相应的参数交换，一定要事先考虑周全，设计好软、硬件交换方案，准确无误再进行交换检查。

（8）特殊处理法　当今的数控系统中，软件越来越丰富，有系统软件、机床制造者软件，甚至还有使用者自己的软件。由于软件的逻辑设计中不可避免的一些问题，会使有些故障状态无从分析，例如死机现象。对于这些故障现象，可以采取特殊手段来处理，比如整机断电，稍作停顿后再开机，有时可能将故障消除。维修人员可以在自己的长期实践中摸索故障规律和其他有效的处理方法。

三　工业机器人控制线路检修实例

1. 机器人的检修步骤

由于机器人涉及电路及各种传感器较多，因此要遵循下面步骤进行检查。

（1）先动口再动手　对于有故障的电气设备，不应急于动手，应先询问产生故障的前后经过及故障现象。对于不了解的设备，还应先熟悉电路原理和结构特点，遵守相应规则。拆卸前要充分熟悉每个电气部件的功能、位置、连接方式以及与周围其他器件的关系，在没有组装图的情况下，应一边拆卸，一边画草图，并记上标记。

（2）先外后内　应先检查设备有无明显裂痕、缺损，了解其维修史、使用年限等，然后再对机内进行检查。拆前应排除周边的故障因素，确定为机内故障后才能拆卸，否则，盲目拆卸可能将设备越修越坏。

（3）先机械后电气 只有在确定机械零件无故障后，才能进行电气方面的检查。检查电路故障时，应利用检测仪器寻找故障部位，确认无接触不良故障后，再有针对性地查看线路与机械的运作关系，以免误判。

（4）先静态后动态 在设备未通电时，判断电气设备按钮、接触器、热继电器以及保险丝的好坏，从而判定故障的所在。通电试验，听其声、测参数、判断故障，最后进行维修。如在电动机缺相时，若测量三相电压值无法判别时，就应该听其声，单独测每相对地电压，方可判断哪一相缺失。

（5）先清洁后维修 对污染较重的电气设备，先对其按钮、接线点、接触点进行清洁，检查外部控制键是否失灵。许多故障都是由脏污及导电粉尘引起的，一经清洁故障往往会排除。

（6）先电源后设备 电源部分的故障在整个设备故障中占的比例很高，所以先检修电源往往可以事半功倍。

（7）先普遍后特殊 因装配件质量或其他设备故障而引起的故障，一般占常见故障的 50% 左右。电气设备的特殊故障多为软故障，要靠经验和仪表来测量和维修。例如，有一台 0.5kW 的电动机带不动负载，有人以为是负载故障。根据经验，戴上加厚手套，顺着电动机旋转方向抓，结果抓住了，这是电动机本身的问题。

（8）先外围后内部 先不要急于更换损坏的电气部件，在确认外围设备电路正常时，再考虑更换损坏的电气部件。

（9）先直流后交流 检修时，必须先检查直流回路静态工作点，再检查交流回路动态工作点。

（10）先故障后调试 对于调试和故障并存的电气设备，应先排除故障，再进行调试，调试必须在电气线路正常的前提下进行。

2.检查方法和操作实践

（1）直观法　直观法是根据电气故障的外部表现，通过看、闻、听等手段检查、判断故障的方法。

①检查步骤

a.调查情况：向操作者和故障在场人员询问情况，包括故障外部表现、大致部位、发生故障时的环境情况。如有无异常气体、明火，热源是否靠近电器，有无腐蚀性气体侵入，有无漏水，是否有人修理过、修理的内容等。

b.初步检查：根据调查的情况，看有关电器外部有无损坏，连线有无断路、松动，绝缘有无烧焦，螺旋熔断器的熔断指示器是否跳出，电器有无进水、油垢，开关位置是否正确等。

c.试车：通过初步检查，确认不会使故障进一步扩大和造成人身、设备事故后，可进一步试车检查，试车中要注意有无严重跳火、异常气味、异常声音等现象，一经发现应立即停车，切断电源。注意检查电器的温升及电器的动作程序是否符合电气设备原理图的要求，从而发现故障部位。

②检查方法

a.观察火花：电器的触点在闭合、分断电路或导线线头松动时会产生火花，因此可以根据火花的有无、大小等现象来检查电气故障。例如，正常紧固的导线与螺钉间发现有火花时，说明线头松动或接触不良。电器的触点在闭合、分断电路时跳火，说明电路通，不跳火说明电路不通。控制电动机的接触器主触点两相有火花、一相无火花时，表明无火花的一相触点接触不良或这一相电路断路；三相中两相的火花比正常大，另一相比正常小，可初步判断为电动机相间短路或接地；三相火花都比正常大，可能是电动机过载或机械部分卡住。在辅助电路中，接触器线圈电路通电后，衔铁不吸合，要分清是电路断路，还是接触器机械部分卡住造成的。可按一下启动按钮，如按钮常开触点闭合位置断开时有轻微的火花，说明电路通路，故障在接触器的机械部分；如触点间无火花，说明电路断路。

b. 动作程序：电器的动作程序应符合电气说明书和图纸的要求。如某一电路上的电器动作过早、过晚或不动作，说明该电路或电器有故障。

另外，还可以根据电器发出的声音、温度、压力、气味等分析判断故障。运用直观法，不但可以确定简单的故障，还可以把较复杂的故障缩小到较小的范围。

（2）测量电压法和测量电阻法 可参考本书第一章。

四 PLC控制线路检修实例

近年来，随着社会的发展，PLC可编程序控制器在工业生产中得到了广泛的使用，但是其维护检修方法和技巧，很多工程师都不得法。下面总结了些在PLC使用过程中的检修经验和技巧。

1.PLC输入与输出

PLC灵活地控制着一个复杂系统，所能看到的是上下两排错开的输入输出继电器接线端子、对应的指示灯及PLC编号，就像一块有数十只脚的集成电路。任何一个人如果不看原理图来检修故障设备，查找故障的速度会特别慢。鉴于这种情况，应根据电气原理图绘制一张表格，贴在设备的控制台或控制柜上，标明每个PLC输入输出端子编号相对应的电器符号，中文名称，即类似集成电路各管脚的功能说明。有了这张输入输出表格，对于了解操作过程或熟悉本设备梯形图的电工就可以展开检修了。但对于那些对操作过程不熟悉，不会看梯形图的电工来说，就需要再绘制一张表格——PLC输入输出逻辑功能表。该表实际说明了大部分操作过程中输入回路（触发元件、关联元件）和输出回路（执行元件）的逻辑对应关系。实践证明，如果能熟练利用输入输出对应表及输入输出逻辑功能表检修电气故障，不带图纸，也能轻松自如。

2.输入回路检修

判断某个按钮、限位开关、线路等输入的好坏，可在PLC通电情况下（最好在非运行状态，以防设备误动作），按下按钮（或其他输入接点），这时对应的PLC输入点端子与公共端被短接，按钮所对应的PLC输入指示灯亮，说明此按钮及线路正常，灯不亮，可能按钮坏、线路接触不良或者断线。若进一步判断，按钮如果是好的，那么用万用表的一支表笔一头接PLC输入端的公共端，另一头接所对应的PLC输入点（上述操作要小心，千万不要碰到220V或110V输入端子上），此时指示灯亮，说明线路存在故障，指示灯不亮，说明此PLC输入点已损坏（此情况少见，一般为强电入侵所致）。

3.程序逻辑推断

当今工业中经常使用的PLC种类繁多，对于低端的PLC而言，梯形图指令大同小异，对于中高端机，如S7-300，许多程序是用语言表编的。实用的梯形图必须有中文注解，否则阅读很困难。看梯形图前如能大概了解设备工艺或操作过程，这样看起来比较容易。若进行电气故障分析，一般是应用反查法或称反推法，即根据输入输出对应表，从故障点找到对应PLC的输出继电器，开始反查满足其动作的逻辑关系。经验表明，查到一处问题，故障基本可以排除，因为设备同时产生两个及两个以上的故障点的情况是不多的。

4.输出回路检修

对于PLC输出点（这里仅谈继电器输出型），若动作对象所对应的指示灯不亮，在确定PLC在运行状态下，那么说明此动作对象的 PLC 输入输出逻辑功能没有满足，也就是说输入回路出故障，按前面讲的，检查输入回路。若所对应的指示灯亮，但所对应的执行元件如电磁阀、接触器不动作，先查电磁阀控制电源及保险器，最简便的方法是用电笔去量所对应 PLC 输出点的公共端子。电笔不亮，可能对应保险丝熔断等电源故障。电笔亮，说明电源是好的，所对应的电磁阀、接触器、线路出故障。排除电磁阀、接触器、线路等故障后，仍不正常，就利用万用表一支表笔，一头接对应的输出公共端子，另一头接对应的 PLC 输出点，这时电磁阀等仍不动作，说明输出线路出故障。如果这时电磁阀动作，那么问题在 PLC 输出点上。由于电笔有时会虚报，可用另一种方法分析。用万用表电压挡量 PLC 输出点与公共端的电压，电压为零或接近零，说明 PLC 输出点正常，故障点在外围。

若电压较高，说明此触点接触电阻太大，已损坏。另外，当指示灯不亮，但对应的电磁阀、接触器等动作，这可能是此输出点因过载或短路烧坏。这时应把此输出点的外接线拆下来，再用万用表电阻挡去测量输出点与公共端的电阻，若电阻较小，说明此触点已坏，若电阻无穷大，说明此触点是好的，应是所对应的输出指示灯已坏。

5.PLC自身故障

一般来说，PLC 是极其可靠的设备，出故障概率很低。但由于外部原因，也可导致 PLC 损坏。

① 一个工作电源为 220V 的接近开关，其输入 PLC 信号触点的两根引线与接近开关的 220V 的电源线共用一根 4 芯电缆。一次该接近开关损坏，电工更换时，错把电源的零线与输入的 PLC 的公共线调错，导致送电时烧坏了 3 路 PLC 输入点。

② 一次系统电源变压器零线排因腐蚀而中断，导致接入 PLC 的 220V 电源升到 380V，烧坏了 PLC 底部的电源模块，后整改时增加了 380V/220V 的隔离控制变压器。

③ 西门子 S7-200 的 PLC 输出公共端标 1L、2L 等，工作电脑为 AC L1 N 表示，+24V 电源为 L+M 表示。对初学者或经验不足者来说容易搞错。如果错把 L+M 当作 220V 电源端子，送电瞬间即烧坏 PLC 24V 电源。

PLC、CPU 等硬件损坏或软件运行出错的概率很小，PLC 输入点如不是强电入侵所致，几乎不会损坏，PLC 输出继电器的常开触点，若不是外围负载短路或设计不合理，负载电流超出额定范围，触点的寿命也很长。因此，我们查找电气故障点，重点要放在 PLC 的外围电气元件上，不要总是怀疑 PLC 硬件或程序有问题，这对快速维修好故障设备、快速恢复生产是十分重要的，因此 PLC 控制回路的电气故障检修，重点不在 PLC 本身，而是 PLC 所控制回路中的外围电气元件。

第八章

用万用表检修家电

一 电冰箱的检测

1. 压缩机内部接线

电冰箱压缩机引出线内部接线如图 8-1 所示。压缩机主绕组匝数少，且线径粗；副绕组匝数多，且线径细。

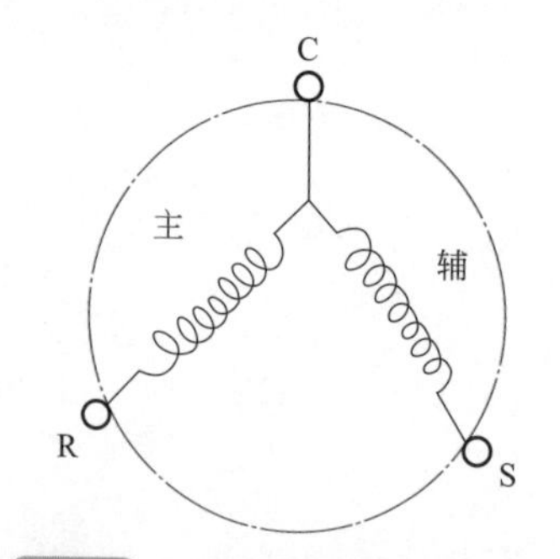

图8-1 压缩机引出线内部接线

2. 万用表检测电冰箱压缩机

（1）主副绕组及接线端子的判别 用万用表（最好用数字

表）低电阻挡任意测 CR、CS、RS 阻值，测量中阻值最大的一次为 RS，另一端为公用端 C。当找到 C 后，CR 与 CS 中阻值小的一组为主绕组，相对应的端子为主绕组端子或接线点；阻值大的一组为副绕组，相对应的端子为副绕组端子或接线点。见图 8-2 所示。

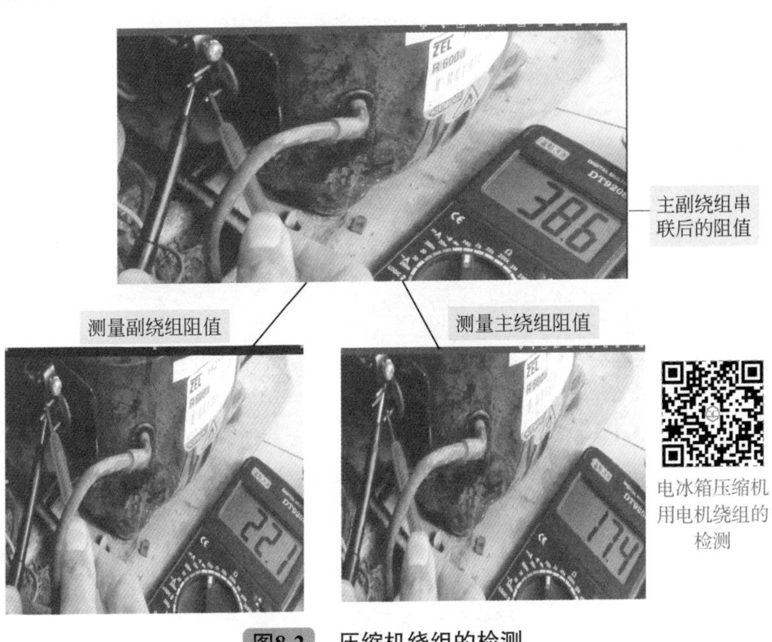

图8-2　压缩机绕组的检测

（2）检测对地电阻　直接用万用表高阻挡测量绕组与外壳的阻值，如有一定阻值为漏电。

二　液晶电视机的检测

背光灯电路是液晶电视特有的电路，下面主要讲解液晶电视中背光灯电路的检测。

1. 背光灯电路简介

液晶背光灯电路多为三合一板的 LED 背光灯驱动电路，由升压输出电路和调流控制电路两部分组成。电路如图 8-3 所示。遥控开机后，背光灯电路启动工作，将 +24V 电压提升到 33 ～ 50V 的直流输出电压，为 16 路 LED 背光灯串供电，同时对背光灯串电流进行调整和均衡。各电路功能如下。

说 明　文中所有元器件标号只供参考，实际编号参见实际检修机型。

图8-3　液晶背光灯电路

（1）+24V 供电欠压保护　N701（控制芯片）的③脚内部设有欠压 UVLO 保护电路，+24V 供电经取样电路分压取样后送到 N701（控制芯片）的③脚。+24V 电压正常时，N701（控制芯片）正常工作；当 +24V 电压过低，③脚的取样电压低于 1.25V 时，N701（控制芯片）欠压保护电路启动，N701（控制芯片）停止输出激励脉冲。

（2）调光电路　背光灯驱动电路采用 PWM 脉冲数字调光的方式，主板电路或外部电路通过 N702（功率芯片）的 SPI 通信接口电路的时钟（SCK）、数据输入 / 输出（MOSI/ MISO）、片选信号（CSB），对 N702（功率芯片）内部调流驱动脉冲进行控制和调整，进而控制 LED 灯串的点亮或者熄灭的时间比来调节亮度，达到调整背光灯亮度的目的。

（3）稳压与同步电路 升压输出电路输出的 33 ～ 50V 输出电压，经取样电路分压取样，不仅送到升压驱动电路 N701（控制芯片）的⑭脚，对输出电压进行控制，还经耦合隔离送到调流驱动电路 N702（功率芯片）的③脚，对 N702（功率芯片）内部驱动电路进行控制，稳定输出电流，与升压电路配合，达到最佳匹配状态。

另外，主板控制电路输出的 VSYNC-LIKE 帧同步脉冲信号，送到 N702（功率芯片）的51脚，控制 N702（功率芯片）调流电路与图像同步工作，根据图像的亮度明暗同步调整 LED 灯串电流，提高图像的对比度和效果。

2. 电源 + 背光灯电路常见故障维修

常见的三合一板开关电源 + 背光灯电路发生故障，主要是开不了机、开机三无、开机黑屏等，可通过观察待机指示灯是否点亮、测量关键的电压、解除保护的方法进行维修。

（1）待机指示灯不亮 指示灯不亮主要故障在电源电路中。首先测量 PFC（功率因数校正）电路输出滤波电容器两端是否有待机 300V 电压、开机 380V 左右电压，无电压，故障在市电输入抗干扰电路和市电整流滤波电路，先检查保险丝是否熔断。

① 保险丝熔断 用万用表测量保险丝是否熔断，如果已经熔断，说明开关电源存在严重短路故障，主要对以下电路进行检测。一是检查交流抗干扰电路和整流滤波电路是否击穿漏电；二是检查 PFC 电路的开关管是否击穿；三是检查主电源开关管是否击穿。如果击穿，进一步检查开关变压器的绕组并接尖峰吸收件是否失效开路。

② 保险丝未断 如果测量保险丝未断，测量电源有无电压输

出，指示灯不亮，主要是开关电源电路未工作。检查测量开关电源电路的⑧脚启动电压和⑥脚的 V_{DD} 电压。如果启动和 V_{DD} 供电电压正常，测量开关电源电路的⑤脚有无激励脉冲输出，无脉冲输出检测电源振荡电路及其外部电路元件；有激励脉冲输出，检查开关电路、开关变压器及其次级整流滤波电路。电源的输出端负载电路发生严重短路故障，也会造成电源无电压输出。

（2）待机指示灯亮 指示灯亮，说明开关电源基本正常，可按遥控“POWER”键，测有无 POWER-ON 开机高电平。无开机高电平，故障在微处理器控制系统；有开机高电平，测主电源开关变压器的次级有无 +24V、V_{CC} 12V 直流电压输出，如果测量开关电源始终输出低电压，说明开关电源稳压电路和开关机控制电路发生故障。

① 检查 PFC 电路　由于开关电源的 380V 供电由 PFC 电路提供，先查 PFC 输出端大滤波电容 CF919、CF917 的电压是否正常，如果仅为 300V 左右，则 PFC 电路未工作。检查 PFC 驱动电路 NF903 的⑧脚有无 VCC-PFC 电压。无 VCC-PFC 电压检查开关机控制电路 VW954、光耦 NW953 和 VW901；有 VCC-PFC 供电，则检测 PFC 控制集成电路 NF903 的⑦脚输出的驱动波形是否正常，如异常请更换 NF903。注意检查 PFC 滤波电容 CF919、CF917 是否开路失效。

② 检查开关电源电路　PFC 输出 380V 电压正常，测量开关电源输出电压，如果始终输出低电平，多为开关机取样电压控制电路故障。检查由 VW953、VW952 组成的取样电压控制电路。

（3）自动关机维修 发生自动关机故障，一是开关电源接触不良，二是保护电路启动。维修时，可采取测量关键点电压，判断是否保护和解除保护的方法进行维修。

① 测量关键点电压　在开机的瞬间测量保护电路的电压，该电压正常时为低电平 0V。如果开机时或发生故障时，电压变为高电平 0.7V 以上，则是过压保护电路启动。一是检查引起过压的主电

源的稳压控制电路，二是检查过压保护取样电路稳压管是否漏电。

② 解除保护　确定保护之后，可采取解除保护的方法，通电测量开关电源输出电压，确定故障部位。为防止开关电源输出电压过高，引起负载电路损坏，建议先接假负载测量开关电源输出电压，在输出电压正常时，再连接负载电路。解除保护的方法是将保护电路对地短路。

（4）背光灯电路检修　显示屏 LED 背光灯串全部不亮，主要检查背光灯电路供电、驱动电路等共用电路，也不排除一个背光灯驱动电路发生短路击穿故障，造成共用的供电电路发生开路等故障。

① 检查背光灯板工作条件　显示屏始终不亮，伴音、遥控、面板按键控制均正常。此故障主要是 LED 背光灯电路未工作，需检测以下两个工作条件：

a. 检测背光灯电路的 +24V、V_{CC} 12V 供电是否正常。供电不正常，首先检测开关电源并排除故障；如果开关电源输出电压正常，但 N701（控制芯片）的⑤脚无供电输入，则是限流电阻阻值变大或烧断，引发限流电路烧断，是 N701（控制芯片）内部短路、电容器击穿等。+24V 供电电压不正常，检查 +24V 整流滤波电路。当 +24V 电压过低或供电电阻变大时，会造成 N701（控制芯片）的③脚取样电压降低，N701（控制芯片）内部欠压保护电路启动，背光灯电路停止工作。

b. 测量 N702（功率芯片）的⑨脚点灯控制电压是否为高电平，点灯控制和调光电压不正常，检修主板控制系统相关电路。

② 检修升压输出电路　如果工作条件正常，背光灯电路仍不工作，则是背光灯驱动控制电路和升压输出电路发生故障。通过测量 N701（控制芯片）的⑦脚是否有激励脉冲输出来判断故障范围。无激励脉冲输出，则是 N701（控制芯片）内部电路故障；如果 N701（控制芯片）的⑦脚有激励脉冲输出，升压输出电路仍不工作，则是升压输出电路发生故障。常见为储能电感内部绕组短路、升压开关管击穿短路或失效、输出滤波电容击穿或失效、续

流管击穿短路等。通过电阻测量可快速判断故障所在。

③ 检修调流电路　检查调流电路N702（功率芯片）的⑫脚 V_{CC} 12V供电是否正常。如果正常，测量⑮脚输出的5V基准电压和⑯脚输出的3.3V基准电压是否正常。如果无电压输出或低于正常值，则是N702（功率芯片）内部稳压电路发生故障或外部滤波电容及其负载电路发生短路、漏电故障。检查N702（功率芯片）的③脚FB电压是否正常，该电压过高或过低，N702（功率芯片）会停止工作。

如果发生光栅局部不亮或暗淡故障，多为个别LED背光灯串发生故障，或调流电路N702（功率芯片）内部个别调流MOSFET损坏。由于16路LED灯串调流电路相同，可通过测量 LED_1 ～ LED_{16} 的负极电压或对地电阻，并通过相同部位的电压和电阻值进行比较的方法判断故障范围。哪路LED负极电压或对地电阻异常，则是该LED灯串或调流电路发生故障。正常时LED负极电压在2V左右。

如果N702（功率芯片）温度过高，显示屏一直闪烁，则是N702（功率芯片）过热保护了，多为LED背光灯串有多个LED灯发生短路故障。N702(功率芯片)的正常温度在50～60℃之间。

三　洗衣机元器件的检测

下面以洗衣机定时器检修为例介绍。

定时器是控制负载工作的时间的，有些定时器还有其他功能，如控制电动机正转、停、反转，运行时间和频率。下面以洗衣机定时器为例说明定时器原理与维修。

（1）结构　发条式定时器的结构与电机式定时器的结构基本相同。不同的是驱动齿轮的动力不同，前者为发条，后者为微电机。区分电机式定时器及发条式定时器的方法很简单：在不接通电源的情况下，拧动定时器，如听到“叭叭……”触点接触的声音，就是发条定时器；如果拧动定时器后并无声响，那么就是电机式定时器。定时器主要由齿轮、主凸轮、控制凸轮、控制簧片等零部件组成，如图 8-4 所示。由图可见，发条 5 绕在主轮轴 Ⅰ 上，拧动主轮轴 Ⅰ 后，发条 5 上紧；当它释放时，在弹簧力的作用下齿轮系开始工作。传动顺序：轴 Ⅰ→轴 Ⅱ→轴 Ⅲ→轴 Ⅳ→轴 Ⅴ，Ⅴ 轴上带有棘轮，它与轴 Ⅵ 上的振子配合构成对齿轮系的阻尼作用，从而控制轮轴的转动速度，实现 15min 旋转一周的要求。

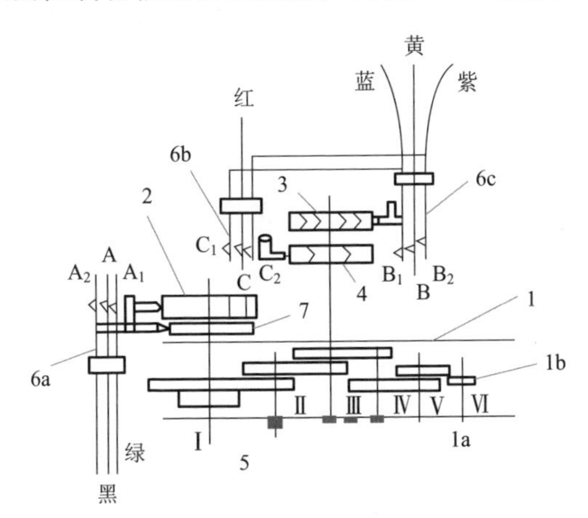

图8-4　定时器组成图

1—齿轮；1a—棘轮；1b—振子；2—主凸轮；3—强洗控制凸轮；4—弱洗控制凸轮；5—发条；6a—主凸轮控制簧片；6b—强洗簧片；6c—弱洗控制簧片；7—蜂鸣器控制凸轮

（2）工作原理　定时器的开关是主凸轮，它控制总的洗涤时间。拧动轴后开关在凸轮的控制下接通或者断开，实现控制电机运转、停止的目的，其立体图如图 8-5 所示。

单开关定时器的检测

顺便指出一点，洗衣机的强、弱洗与电风扇的高、中、低挡有本质的不同。电风扇的高、中、低挡的变换是用抽头法或电抗法使电动机获得不同转速，而洗衣机的强、弱洗的转换，实际上是指电动机转动与停

多开关定时器的检测

止时间的改变，而电动机的速度并没有发生变化。所以，认为洗衣机电动机强洗速度高于弱洗速度的观点是不正确的。

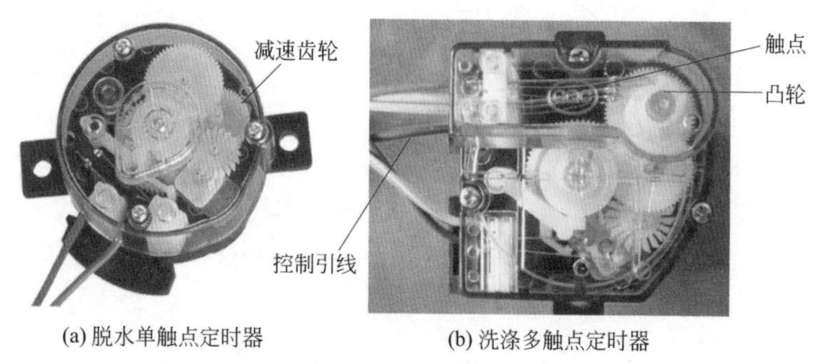

(a) 脱水单触点定时器　　(b) 洗涤多触点定时器

图8-5　定时器立体图

（3）定时器检修　定时器发生故障一般出现在簧片及触点上。由于定时器触点频繁接触，触点瞬间电流很大，往往会发生氧化、锈蚀等现象，这样就会造成定时器接触不良。定时器的动作变换是靠簧片的动作来完成的，如果簧片的弹性较差，使用时间长了就会出现簧片不到位的故障。检测定时器时，主要根据凸轮控制开关状态测量开关的通断。如图 8-6 所示。

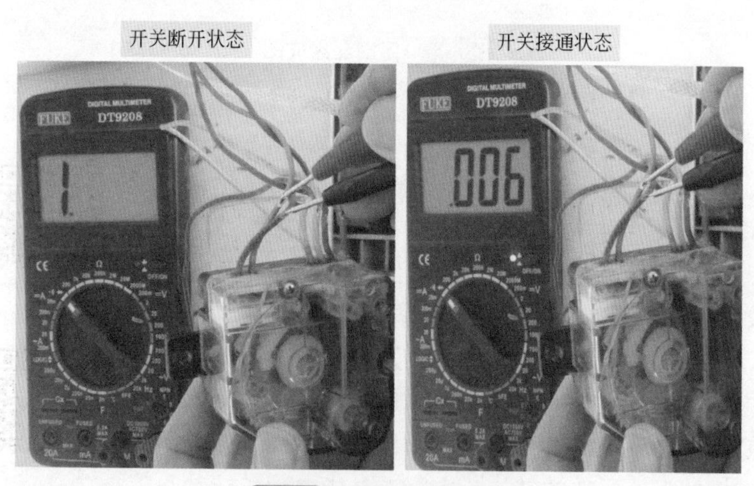

图8-6　检测定时器开关

四　空调部件的检测

用万用表检测空调四通电磁阀时，应首先用万用表检测电磁线圈的好坏，用万用表的欧姆挡测量线圈阻值，如果表针不摆动，说明线圈开路，如果阻值很小或为零则说明线圈短路。当确认线圈正常时，可以给线圈接入额定电压，检查阀体故障，如果能够听到“嗒嗒”声，并检测通断情况良好，说明电磁阀是好的。如图 8-7 所示。

四通阀的检测

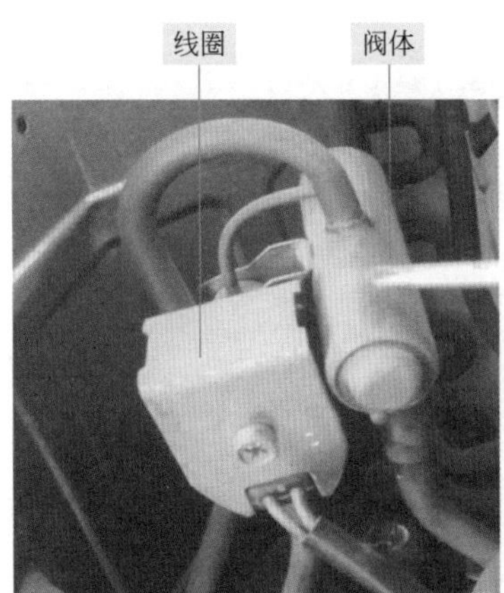

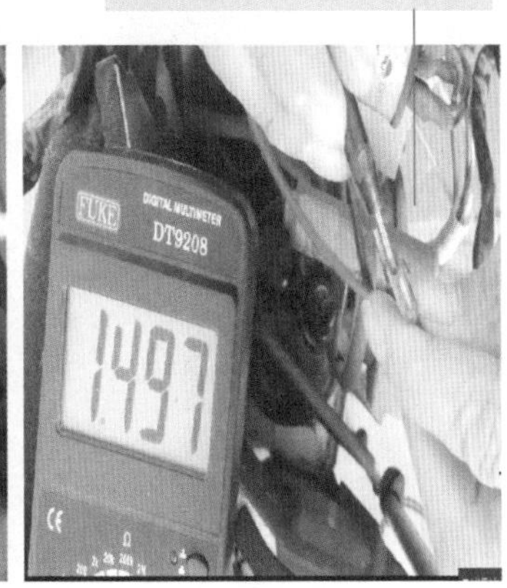

图8-7　电磁阀检测

五　扫地机器人部件的检测

机器人电动机是一个经常损坏的器件，如图 8-8 所示。

检修时先检查转子有没有异物卡死，插座是否松动，然后用万用表检测电动机端子，如有一定的阻值（一般 10Ω 左右），判断是好的，阻值为零为内部短路，若阻值时有时无则为内部电刷损坏或者电机绕组开路。

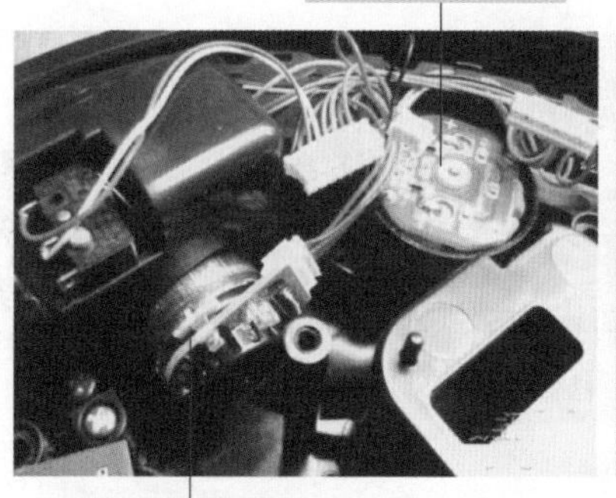

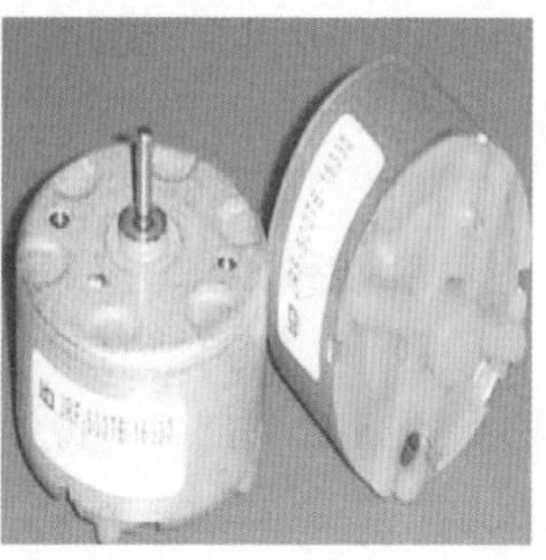

图8-8　扫地机器人的电机位置

参考文献

[1] 任致程，等．万用表测试电工电子元器件300例．北京：机械工业出版社，2003．

[2] 李保宏．万用表使用技巧60例．北京：人民邮电出版社，2004．

[3] 沙占友．新型数字万用表原理与应用．北京：机械工业出版社，2006．

[4] 刘天成．家用电器维修技术．北京：高等教育出版社，1990．

[5] 肖晓萍．电子测量仪器．北京：电子工业出版社，2005．

[6] 毛端海，等．常用电子仪器维修．北京：机械工业出版社，2005．

[7] 朱锡仁，等．电路与设备测试检修技术及仪器．北京：清华大学出版社，1997．

视频讲解目录